MÉMOIRES

DE LA

SOCIÉTÉ GÉOLOGIQUE DU NORD

TOME I

Mémoire N° 2

MÉMOIRES

DE LA

SOCIÉTÉ GÉOLOGIQUE DU NORD

———

TOME PREMIER

II

———

Dr **Persifor Frazer, A. M.** — MÉMOIRE SUR LA GÉOLOGIE DE LA PARTIE SUD-EST DE LA PENNSYLVANIE.

LILLE

IMPRIMERIE ET LIBRAIRIE SIX-HOREMANS

244, Rue Notre-Dame

1882

Il est imposssible de rendre dans une langue étrangère, les noms de choses qui sont en rapport avec l'histoire particulière d'un peuple. L'auteur a cru mieux faire en laissant les mots « township » etc. sans essayer de les traduire. Un *township* renferme ordinairement environ 100 kilom. carrés et il y en a de 30 à 40 dans chaque comté.

Une explication du terme « phyllades à damourite » est nécessaire. J'ai toujours combattu la désignation qui attachait à ces phyllades le caractère d'un seul des nombreux minéraux qu'elles peuvent contenir. Le professeur Dana a inventé un mot servant admirablement à trancher la difficulté; c'est le mot « hydro-mica», comprenant tous les micas contenant de l'eau, mais ayant l'éclat et la couleur des Moscovites, etc., et semblables au toucher aux talcs et chlorites. Mais j'ai trouvé bientôt qu'on ne pouvait pas se servir facilement de ce mot, ni comme l'a écrit Dana, ni sous le nom plus français de mica-hydraté, sans susciter de graves objections de la part des minéralogistes français. Il ne me restait alors que de revenir à la première expression qui, si elle est moins exacte, ne nécessite pas qu'on adopte une subdivision minéralogique non reconnue en France. Je déclare donc que par le terme « phyllades à damourite » je désigne toutes les phyllades, composées de minces écailles de micas blancs potassiques (ou même sodiques) et ne me borne pas à la seule espèce à laquelle conviendrait exactement le nom ci-dessus.

Le calcul en « grains » et en « pouces » (p. 96 +) fait il y a
quelques années pour un mémoire publié en Amérique, reste
comme dans l'original. Il peut servir d'exemple des difficultés
de pareils calculs dans un système où il n'y a aucun rapport
entre les poids et les mesures et dont les bases sont arbitraires.

Nous avons adopté le système métrique dans tout le
cours du Mémoire.

Les subdivisions du Mémoire sont faites par rapport aux
caractères lithologiques et non par rapport à la succession histo-
rique.

INTRODUCTION

Dans les pages qui suivent, l'auteur se propose de donner un aperçu du travail qu'il a poursuivi pendant plus de sept années pour le second levé géologique de la Pennsylvanie. Les cartes qui accompagnent ce mémoire sont, avec quelques modifications que l'auteur a crues nécessaires, celles qui ont paru sous les lettres *c*, *cc*, et *ccc*, dans les publications de ce service. L'auteur a commencé son travail dans le comté d'York en l'année 1874, et dans les années suivantes, a poussé ses études dans les comtés d'Adams, partie de ceux de Franklin et de Cumberland, de Lancaster et enfin de Chester. Le rapport sur ce dernier comté n'a pas encore été publié, quoique la carte géologique qui l'accompagne soit terminée ; mais les notes qui ont servi à la préparation de ce rapport ont été nécessairement utilisées dans les pages qui suivent par la raison que ces nouvelles recherches ont changé ou modifié jusqu'à un certain point les premières opinions conçues par l'auteur, de sorte que des hypothèses qui paraissaient soutenables et probables après la fin de la première ou de la seconde année de travail, ont dû être complètement abandonnées lors du raccordement avec les géologues qui poursuivaient leurs études du N.-E. au coin S.-E. du pays, près de Philadelphie.

C'est un fait singulier, mais qui sera généralement admis par les géologues Américains, que précisément ces régions sur lesquelles ils vivent en plus grand nombre, et où existe la plus ancienne civilisation des États-Unis, sont celles où les opinions présentent le plus de divergence à propos du véritable horizon géologique. La raison en est sans doute que (comme il sera précisé plus loin) le côté oriental du continent de l'Amérique du Nord a été le théâtre d'une action dynamique et d'un changement métamorphique bien plus étendus ; et en outre que la dégradation et l'érosion ont été si profondes qu'elles rendent souvent impossible d'obtenir des données sur la structure juste aux endroits qui décideraient des plus importantes questions.

Deux de ces régions controversées ont été étudiées par l'auteur, soit à l'instance de particuliers, soit pour le gouvernement pendant les dix dernières années ; ce sont l'estuaire de grès mésozoïque et d'argile schisteuse, et la région de Philadelphie où se trouve le micaschiste et le gneiss. Cette dernière correspond à la bande de New-York et de Baltimore, quelques géologues pensent que c'est la même que celle du groupe de Quebec du service géologique du Canada.

Ces roches ont été le champ de bataille des meilleurs géologues Américains pendant près de quarante ans où depuis l'organisation du service de la première carte géologique jusqu'à ce jour, presque tous les géologues depuis Emmons, Mather et les frères Rogers jusqu'aux publications plus récentes de Dana, Hitchcock et Hunt : chaque année paraissant ajouter de nouveaux partisans et de nouveaux soutiens à chacun des côtés opposés de la question.

Cette série de roches est-elle plus ancienne ou plus récente que le grès de Potsdam" ? ou en d'autres termes " Est-elle Huronienne ou Cambrienne, eozoïque ou paléozoïque ?

Cette discussion s'est introduite dans tous les services

géologiques des Etats de l'Est, et est aussi éloignée que jamais d'une solution universellement acceptée. L'écrivain se gardera bien de dogmatiser à cet égard, mais il s'efforcera d'insister plus fortement sur les observations et aussi peu que possible sur la manière dont il les interprète, ce qu'il ne peut pas cependant négliger.

Je n'ai pu toutefois arriver aux mêmes conclusions, que celles qui ont été formulées par divers géologues distingués sur ces formations primitives.

L'objet du présent ouvrage est la description d'une partie
de l'Etat de la Pennsylvanie, de son extrême coin S.-E., qui est
borné par l'Etat de la Delaware et l'Etat du Maryland au
sud-est et au sud ; par la partie inférieure de la South
Mountain du sud à l'ouest ; et au nord par la bande de roches
mésozoïques, qui continuent en une ligne sans interruption,
de la New Jersey, dans la Virginie.

Il y a certainement quatre systèmes géologiques distincts
dans cet espace, appartenant à ce que les anciens géologues
auraient appelé l'Azoïque, le Primaire, le Secondaire et
le Tertiaire : Ce dernier cependant n'étant représenté que
par de petits lambeaux isolés de marne et de lignite qui, avec
le drift glacial, sont si insignifiants qu'il est à peine possible de
les indiquer sur une carte, à une aussi petite échelle que celle
qui accompagne ces pages. Ces petits dépôts n'ont aucune
importance commerciale ou structurale. Leur seul intérêt vient
de la lumière qu'ils jettent sur les changements que les
couches, déjà dénudées des siècles passés, ont subi à une
époque comparativement récente.

Les sujets qui présentent de l'intérêt sont les roches qui
forment les trois premières des quatre divisions ci-dessus

énumérées. Pas une d'elles qui ne soit encore sujette à discussion et dont la place exacte, dans l'échelle générale des formations, ne soit douteuse.

La raison en est le petit nombre ou l'absence entière de fossiles, qui du reste caractérise les quatre divisions de cette région ; cependant deux de ces bandes rocheuses, c'est-à-dire le Quartzite de Potsdam et le grès Mésozoïque, ont fourni des preuves de vie organique. Le premier, un simple *Scolithus linearis*, qui ne suffit pas par lui-même pour établir l'horizon exact et le dernier quelques dents et quelques poissons qui ont porté le professeur E. D. Cope, à conclure que les couches dans lesquelles ils se trouvaient sont réellement triasiques. Dans la région occupée par ces roches se trouve une coupe naturelle remarquable, formée par le plus grand fleuve qui coule à travers la Pennsylvanie — la Susquehanna. Ce cours d'eau traverse toutes les formations de ce pays depuis le poudingue de la base de nos couches carbonifères (ou n° 12 de l'ancien système d'énumération du professeur Rogers), jusqu'à travers les gneiss au-dessous du Grès de Potsdam, ou (n° 1 de ce géologue), et de la source de son affluent occidental jusqu'au point où elle sort de Pennsylvanie, son cours est en général perpendiculaire à la direction des roches. Elle offre ainsi les plus grandes facilités pour étudier la structure, puisqu'elle coupe de telle façon, la rangée de collines, à travers lesquelles elle a tracé son lit, que l'on voit les courbes de stratification en nature aussi bien que si elles étaient dessinées sur du papier.

Mais malheureusement une grande partie de son cours traverse des terrains plats de prairies, dont les bords d'argile et de sable ne s'élèvent, dans les grandes eaux, que très peu au-dessus de son niveau et dans ces endroits le délabrement des roches est profond et complet, et l'on ne peut observer l'intervalle. Cependant, ce que l'on connaît de la superposition des formations inférieures en Pennsylvanie, a été en grande partie dérivé de l'étude des couches, le long des bords de la rivière, par les géologues du premier et du second services géologiques.

On verra plus loin que même lorsque les affleurements de roches sont continus, ils ne suffisent pas toujours dans cette région, à résoudre avec certitude des problèmes de structure. Cette même rangée de collines qui s'étend pendant des kilomètres, le long des bords de la rivière, au-dessous de la ville de Colombia, représentait aux yeux du chef distingué du service géologique, le Professeur H. D. Rogers, un état de choses bien différent de celui que l'auteur a été forcé de reconnaître. La divergence d'opinion vient ici de la différence des inclinaisons que les deux observateurs ont admis comme plans de formation des couches. Le Professeur Rogers admettait que quelques plans obscurs, rares et de faible inclinaison, étaient ceux de formation des couches, et en conclut que l'épaisseur totale de ces couches était comparativement faible ; l'auteur s'est vu obligé de reconnaître des plans de stratification nombreux et très sensibles dont les inclinaisons se faisaient sous de forts angles, il a ainsi été forcé d'accroître énormément l'épaisseur de ces couches.

Aperçu de la distribution des principales formations géologiques dans les États-Unis.

Un simple coup d'œil sur la carte géologique des Etats-Unis, montre que ce pays est composé de la côte de l'Atlantique jusqu'à la Géorgie, et de la côte du Pacifique jusqu'au golfe de Californie, comme sur les deux tiers de la frontière septentrionale canadienne, par du granite et des couches schisto-cristallines. En un mot, par ce que M. Hitchcock a appelé la série Eozoïque. Dans cette description sommaire si on laisse de côté la Floride, l'Alabama inférieure et la Californie, les deux premières à titre provisoire, la dernière parce que ses plaines sont crétacées et tertiaires ; le continent américain éozoïque aurait à peu près la même forme sinon la même étendue que maintenant.

En se limitant à l'est et au nord, on reconnait comme formation essentielle, une bande étendue de roches Eozoïques ; elle atteint environ cent cinquante kilomètres de largeur dans l'Etat de Maine, se rétrécit au sud-ouest de telle façon qu'à l'embouchure de l'Hudson elle n'a plus que soixante-cinq kilomètres de large ; elle s'élargit ensuite en traversant la New Jersey, la Pennsylvanie, le Maryland, la Virginie, les Carolines du nord et du sud, et elle atteint son maximum d'environ deux cent quarante kilomètres, en Géorgie, et finalement plonge sous le crétacé et les alluvions d'Alabama et les eaux du Golfe du Mexique. Sur cette longue étendue de deux mille deux cent cinquante kilomètres, les parties orientales et centrales de la bande sont cachées occasionnellement par de petits lambeaux de roches crétacées ou siluriennes inférieures ;

les premières forment une bande étroite à l'ouest, Long Island,
qui traverse obliquement le New Jersey, coupe les coins de la
Delaware au sud de la Pennsylvanie et disparait dans le
Maryland.

Cette même formation crétacée contourne l'extrémité
sud-ouest de l'Eozoïque, dans la Georgie et l'Alabama. Il y a
en outre, de petits lambeaux de roches siluriennes sur la
bordure orientale de l'Eozoïque, dans les Carolines du nord et
du sud.

La limite occidentale de ce terrain primitif est une masse
ininterrompue de roches siluriennes, d'une largeur comparativement uniforme, d'environ trente kilomètres. Cette bande
s'élargit un peu dans le Tennessee et l'Alabama; mais elle
atteint son maximum de largeur, au nord, dans le Maine, le
Newhampshire, Vermont, le nord de New York, et la partie
du Canada oriental qui avoisine cet Etat, elle est représentée
par de larges et nombreux massifs séparés l'un de l'autre par
des bandes étroites d'Eozoïque. Cette bande de Silurien qui
n'excède pas la largeur de trente kilomètres, s'élargit beaucoup
et d'une manière brusque en Pennsylvanie, cependant l'élargis-
sement ne continue pas plus loin vers le sud, son bord occidental
n'étant représenté que par un filet qui s'approche graduellement de la limite orientale et s'y perd presque en Virginie.
Là aussi, le contact de l'Eozoïque et du Silurien est caché
comme près de la limite orientale de la bande Eozoïque. Il y
a ici une bande étroite de grès Mésozoïques et de schistes qui
cache la limite des deux plus anciennes formations dans une
partie de la Pennsylvanie et du New Jersey, mais elle va en
diminuant rapidement et permet de voir vers le sud la ligne de
contact.

Cette bande mesozoïque divise le massif ancien en deux
parties; à quelques kilomètres au S. de la Susquehanna, le
massif occidental formé de roches eozoïques porte en Penn-

sylvanie le nom de South Mountain, et le massif oriental sera appelé série de Philadelphie.

Les calcaires de York et de Chester sont si étroits qu'ils ne sont même pas marqués sur la carte des Etats-Unis de Hitchcock. Ils forment avec les précédents les trois systèmes cités plus haut, comme devant constituer notre sujet d'études.

Le Professeur H. D. Rogers, dans son rapport final expose les mêmes vues. Nous croyons devoir citer les passages de ce mémoire fondamental :

« L'inspection d'une bonne carte géologique des États-Unis montrera que la Pennsylvanie ne contient que les plus anciens systèmes de couches de cette partie du continent. Elle ne comprend aucune couche du Tertiaire, ou Kainozoïque ; aucune du Crétacé ou Greensand ; ni aucune en rapport avec les périodes un peu plus anciennes de l'oolitique... »

« Aucune masse de roches volcaniques de quelque espèce que ce soit n'apparaît dans les limites du pays. Les seules matières d'origine interne, sont quelques filons de roches éruptives et d'innombrables venues de granite ; le tout dans le dsitrict du sud-est, etc... »

« Les roches gneissoïdes ou de micaschiste du pays contiennent presque toutes les variétés les plus connues de gneiss feldspathique, amphibolique et micacé et du mica schiste. Etroitement liées avec celles-ci mais appartenant à un système de couches bien différent, sont les vastes formations de phyllades talqueux, riches en mica, phyllades argileux, durs, phyllades chloritiques, qui se rapportent réellement au système paloeozoïque, mais qui sont tellement métamorphosées par la diffusion de l'action ignée, qu'on ne peut pas facilement les distinguer de la classe des roches ignées sans une étude d'ensemble, etc.... »

Il précise les trois districts du gneiss, (p. 66).

Selon lui le premier (ou le district du midi), s'étend de

Trenton (sur la Delaware), à la Susquehanna et au sud de la limite méridionale de la Pennsylvanie, et se trouve entièrement au sud de la vallée de Chester, sauf à l'extrémité orientale où une masse de gneiss l'entoure vers le nord et s'étend vers l'est, à Trenton. Celui-ci, le plus grand des trois districts, se continue au delà du Brandywine, vers l'ouest, par d'étroites langues successives (¹).

Près de l'extrémité septentrionale de l'Etat de Delaware, il émet vers le sud-ouest, un prolongement qui s'élargit vers la Susquehanna. La largeur la plus grande de cette zone se trouve entre Paoli et la ville de Chester.

La deuxième zone se trouve au nord de la vallée de Chester et s'étend de Valley Forge jusqu'au confluent occidental de l'Octoraro, dans le comté de Lancaster, et s'étend vers le nord du pied de la North Valley Hill jusqu'au bord inférieur du district de grès rouge, et le pied méridional des Welsh Mountains, dans le comté de Chester....

Voilà, comment Rogers distingue les formations et entre quelles limites étroites il en renferme la diversité. Nous devons toutefois rappeler ici qu'à l'époque où il poursuivait ses recherches, l'étude était bien autrement difficile qu'elle ne l'est aujourd'hui, et les géologues du second service géologique de la Pennsylvanie, qui ont étudié le même terrain, ne peuvent qu'admirer l'exactitude et le soin dont il donne les preuves dans ce rapport final.

La partie de la Pennsylvanie qui fait l'objet de ce mémoire présente à peu près la forme d'un parallèlogramme dont les grands côtés auraient cent soixante-un kilomètres et les petits soixante-cinq kilomètres. Tout l'espace a donc environ dix mille quatre cent soixante-cinq kilomètres carrés.

La limite méridionale est la ligne de Mason et Dixon

---

(1) Voyez la citation plus étendue dans le dernier chapitre.

qui séparait avant la dernière guerre, les Etats à esclaves de ceux où l'esclavage n'était pas admis. La limite occidentale est formée par la large chaîne de montagnes peu élevées, connues sous le nom de la chaîne de la South Moutain et de « Blue Ridge, » dans les Etats du sud, qu'elle traverse. Il y a solution de continuité au sud de la Susquehanna, comme il a été dit précédemment, mais après un intervalle d'environ quatre-vingt-quinze kilomètres, la chaîne reprend au nord-est dans les comtés de Berks et de Lebanon.

Le bord septentrional est la bande de grès Mesozoïques, et le bord oriental doit être le fleuve de Delaware ; quoique cette ligne comprenne le petit comté de Delaware qui n'a pas fait l'objet spécial des études de l'auteur ; ce comté est si peu étendu et ses roches sont si intimement associées avec celles des parties voisines du comté de Chester, que ce qui est vrai pour l'un s'applique également à l'autre.

Quant à la description physiographique du pays compris entre la South Mountain et l'Océan Atlantique, elle est facile à faire.

La largeur de l'Etat de New Jersey, entre la rivière de Delaware, près de Philadelphie et l'Océan Atlantique est d'environ quatre-vingt-seize kilomètres. Dans toute la distance, le terrain est plat et bas, couvert de sable désagrégé, le sol comme nous l'avons dit, y est formé par des roches crétacées sur une distance de trente kilomètres, à l'est de la Delaware.

La rivière sépare cette formation des mica schistes et des gneiss de la série de Philadelphie (mentionnée ci-dessus par Rogers), et qui s'étendent en une suite de collines arrondies et fertiles, de hauteur modérée, formant la ligne de partage des eaux entre la Delaware et la rivière de Schuylkill.

Le point le plus élevé de cette chaîne basse (que suit le chemin de fer de Pennsylvanie pendant environ vingt-un kilomètres) a presque quatre-vingt-seize mètres d'élévation au

dessus du niveau de la mer. Au nord de cette ligne sont les
collines abruptes, mais pas très élevées, de grès mésozoïque
que traverse le Schulkyill, au célèbre camp de la révolution,
nommé Valley Forge. Entrelacés avec ces collines Triasiques-
Jurassiques, sont des éperons de roches Eozoïques, sur l'âge
desquelles les opinions sont quelque peu divergentes, comme
on le verra dans les pages qui suivent. Il n'est guère douteux,
cependant, que des porphyres feldspathiques d'âge Eozoïque
plus ou moins couverts par le quartzite caractéristique de
l'époque du Potsdam, n'affleurent dans cette région. Le vrai
noyau de cette chaîne basse est composé de roches beaucoup
plus anciennes — probablement Laurentiennes.

Dans sa continuation au sud-ouest, ce groupe de roches
forme un trait topographique assez remarquable pour avoir
reçu le nom de « Welsh Mountains » dans la partie où il
traverse la limite des comtés de Lancaster et de Chester.
Grâce à la protection contre les dénudations, fournie par un
revêtement de quarzite, il a été moins usé ici que dans les autres
parties où ce revêtement fait défaut. Mais même là, la hauteur
et la proéminence du sommet ne méritent pas le nom de
« Montagne. » C'est plutôt une bande de roches élevées, dont
la structure est celle d'un pli anticlinal qui semble s'aplatir au
sud-ouest, et en un point (Quarryville, comté de Lancaster)
s'approche à la faible distance de quelques mètres de la masse
calcaire de Lancaster et de la vallée de Chester. Le Quartzite
de Potsdam qui le surmonte est plus largement représenté près
de la limite du comté sus-mentionné, et sa présence produit les
sommets élevés appelés la « Welsh Mountain » mais il a été
enlevé par érosion, aussi bien à l'est qu'à l'ouest. Cette série
de roches à l'ouest de Quarryville est entièrement dépourvue
du revêtement de grès de Potsdam, elle se dilate en un
anticlinal sur une très grande étendue, de chaque côté de la
« Tocquan Creek » et surmonte la Susquehanna d'innom-

brables collines que l'on nomme les « Martie Hills, » puis gagnant de plus en plus en étendue superficielle, traverse le comté d'York et l'Etat de Maryland.

Plus à l'ouest, le terrain n'est pas très mouvementé, les roches cristallines étant remplacées par le calcaire de York et de Lancaster, qui à son tour cède la place à un affleurement très local de Quartzite de Potsdam qui traverse la rivière de Susquehanna, près Marietta, mais ne s'étend qu'à quelques kilomètres à l'est et à l'ouest. Il semble que l'anticlinal qu'il représente a plongé sous le calcaire dans la direction de ses couches. Il est complètement entouré par cette formation plus récente, qui à son tour, est ensuite remplacée vers le nord-ouest, par les grès Triasiques, plongeant presque invariablement au nord-ouest et formant une série de collines peu élevées entre le calcaire et la South Mountain. Elles sont occasionnellement interrompues par de grandes masses de Dolérite et de Diabase qui ont été épanchées parfois en épaisses nappes, tandis que dans d'autres endroits, elles remplissent les fissures, une faible partie de leur tranche étant seule apparente.

Ces couches Mesozoïques s'appuient contre les roches de la South Mountain, et c'est là que nous trouvons pour la première fois, une élévation digne du nom de montagne quand on voyage à l'ouest des rivages de l'Océan Atlantique.

La terminaison septentrionale de cette chaîne est rétrécie ; au sud-ouest elle se déploie rapidement et atteint à peu de distance, une largeur de treize kilomètres, et renferme sept ou huit crêtes d'une hauteur de six cents à six cent vingt-cinq mètres au-dessus du niveau de la mer. La structure de cette chaîne de montagnes est très intéressante et il en sera question dans les pages qui suivent.

L'espace entier dont nous nous occupons ici peut être divisé en un certain nombre de régions qui sont approximativement les mêmes que dans les districts géologiques dont il a été question, mais leurs caractères orographiques dépendent nécessairement de la composition des roches que renferment ces districts. La division devient ainsi plutôt lithologique que géologique.

D'abord au sud, nous avons une bande de terrain ondulé avec un sol fertile, d'un rouge sombre, couvert de paillettes de mica qui s'élargissent vers la frontière de l'Etat de Delaware jusqu'à ce que ce minéral se développe en plaques de plusieurs décimètres carrés ; et il a été exploité avec succès. Cette bande occupe tout le territoire au sud des calcaires des comtés de Chester, du Lancaster et d'York, mais vers l'ouest, la prédominance diminue et l'aspect topographique change graduellement, des collines basses, arrondies, passent à de larges crêtes ou plateaux qui s'étendent pendant plusieurs kilomètres, et ne s'abaissent que lorsque de petits cours d'eau se sont creusé un lit dans leurs flancs.

Au nord et à l'ouest de ce pays ondulé, semé de plateaux, se trouve la principale masse calcaire dont il est souvent parlé comme de la *Vallée* calcaire, parceque sa surface est naturellement presque toujours plus basse que celle des autres roches. Mais cette désignation n'est pas entièrement exacte quand on l'applique à toutes les parties de la large masse calcaire de Lancaster, pour deux raisons. 1° parce qu'il comprend des proéminences qui sont presque aussi hautes que celles des roches voisines et 2° parce que ces dernières font quelquefois (quoique rarement) complètement défaut *à la ligne de contact*. Néanmoins, les mots « bassins, vallée, dépression, » sont si souvent employés quand on parle de ces calcaires, que le manque d'exactitude dans l'interprétation est consacré par l'usage.

Si l'on regarde ces districts de calcaire d'une des hauteurs des formations voisines, ils présensent à l'œil l'apparence de larges plaines basses, diversifiées çà et là par de courtes chaînes de collines parallèles à la direction générale de la formation, et coupées par des ruisseaux et des rivières. Presque toutes les forêts, autrefois abondantes dans ce district, ont été défrichées, pour faire place aux fermes, et à de belles cultures.

Le sol est très riche et se vend plus cher qu'aucun autre pour les exploitations agricoles. Toutes les plantations de tabac profitables y sont situées.

Au nord de ces champs calcaires, dans tout le comté de Chester et une partie de ceux de Lancaster et d'York, se trouve une bande étroite et escarpée de collines de quartzite, facilement reconnaissable à la distance de plusieurs kilomètres par la blancheur du sable qui couvre sa surface. Telle est la « North Valley Hill » du comté de Chester, les pentes occidentales de la « Welsh Mountain » dans le comté de Lancaster, et le « Chikis quartzite » de Lancaster et d'York. Il n'est développé nulle part en longueur, et moins encore en largeur.

Au nord et à l'ouest de la région des collines escarpées et étroites du comté de Chester, il y a entre le quartzite et les collines mésozoïques, une région formée de roches feldspathiques et amphiboliques qui ressemblent à des gneiss. Cette région sera décrite avec plus de soin plus loin, il suffit de dire ici que le pays où ces roches affleurent est une région ondulée et fertile, semblable à celle qui été d'abord décrite, mais partout parsemée de masses de quartz de toutes grosseurs, depuis le sable le plus fin jusqu'à des blocs de cinquante centimètres cubes. Les collines quoique nombreuses, ne sont pas si hautes dans cette région que celles du Quartzite.

Enfin à l'extrême limite extérieure de tous ces districts naturels, arrivent le grès rouge et l'argile schisteuse de la période Triasique. Ces couches forment aussi des crêtes élevées d'environ cent mètres au-dessus du fond des vallées qui ont été creusées dans les couches par les cours d'eau. Cette bande a une largeur moyenne de vingt-huit kilomètres et est généralement plus élevée à son bord extérieur qu'à son bord intérieur. Spécialement à l'endroit où le Schuylkill serpente à travers une succession d'étroites échancrures, les collines sont hautes et escarpées, couvertes d'une misérable végétation de pins et de chênes rabougris. Sur des kilomètres carrés, on ne trouve, sur ces sommets, ni habitations, ni terres cultivées, pas même de broussailles qui pourraient rémunérer le charbonnier ; cette industrie est cependant la seule qui ait été pratiquée ici, dans le but de fournir le combustible aux nombreuses forges de fer au charbon de bois, des comtés de Berks et de Lancaster.

Peut-être ne serait-il pas mal de rattacher à cette description, la région montagneuse de la South Mountain, ou au moins, la partie qui se trouve dans les limites du comté d'Adams. Cette région présente une succession de crêtes moins élevées, qui se suivent sans interruption, et produisent, sur la carte, quelque chose d'analogue à la configuration d'une grande masse d'eau agitée par deux séries de vagues qui se croiseraient obliquement. L'élévation de ces vagues rocheuses est très considérable, et la direction de certaines de ces crêtes tout à fait en ligne droite.

Sur soixante-quatre kilomètres de longueur et treize kilomètres de largeur, on trouve à peine une apparence de culture, si ce n'est çà et là, le long d'une étroite vallée où une masse peu épaisse de calcaire a été enfermée.

Les pentes nord-ouest des crêtes sont ordinairement très escarpées ; les crêtes elles-mêmes s'élèvent à environ trois cent-cinquante mètres au-dessus des vallées. La végétation forestière y est luxuriante, et des ruisseaux d'eau pure et limpide y abondent. C'est de cette région que l'on tire la plus grande partie du bois employé à la fabrication du charbon nécessaire aux forges peu nombreuses, qui restent encore.

Beaucoup de parties de cette South Mountain ont le caractère le plus sauvage et il n'est pas rare d'y trouver des daims, des ours et des chats sauvages.

Les crêtes qui, sur le côté nord ouest, dominent la « Grande Vallée » comme on appelle la bande de calcaire fertile qui traverse les comtés de Cumberland et de Franklin et s'étend à travers le Maryland et la Virginie, sont profondément couvertes de sable désagrégé et forment des plateaux arides et déserts.

Au risque de revenir trop souvent sur les faits principaux, nous croyons devoir consacrer quelques mots à l'énumération des diverses formations représentées dans le territoire qui fait l'objet de ce mémoire.

Dans cette revue, nous rappellerons que trois formations appartiennent dans la région à des horizons géologiques déterminés. Les autres formations prêtent encore sujet à discussion : Pour certains géologues on doit les classer beaucoup au-dessous des couches qui contiennent les restes les plus anciens de la faune paléozoïque. Pour d'autres, au contraire, ils appartiennent au premier étage de l'édifice paléozoïque. En d'autres termes, les premiers géologues pensent que ces couches appartiennent à la *période Archéenne* (classification de Dana), les autres à l'*âge* du Silurien inférieur de la période Canadienne, de celle de Québec et même de Cincinnati. Comment une telle divergence d'opinion est-elle possible ?

Cette divergence provient de l'absence de fossiles qui détermineraient un ou plusieurs des horizons, faute de preuves incontestables de superposition qui permettraient de suivre les couches de régions où la série est connue, à la région qui nous occupe. En fait, ces deux méthodes échouent ici pour la même raison, qui est l'extension de l'action plutonique sur la côte orientale du continent, dont le résultat a été : 1° le métamorphisme des sédiments, de façon à oblitérer toute trace de restes organiques qui, originairement ont pu exister dans ces sédiments ; 2° le plissement des couches qui a amené la déformation des strates, pressées à angles aigus, bouleversées et en beaucoup de cas brisées en petits fragments. C'est ce qui rend extrêmement difficile l'étude stratigraphique au moyen d'observations faites sur le terrain ou dans des mines peu profondes, tant à cause des lacunes dans la continuité, qu'en raison des nombreux plans de clivage et de jonction qui en sont résultés. 3° Cette rupture des couches a facilité leur décomposition par l'infiltration des eaux de la surface et il en est résulté un énorme dépôt d'argile qui a caché les affleurements des roches originaires dans la plupart des endroits. La difficulté de reconnaître les lignes de fractures ensevelies sous les débris superficiels, jointe aux changements extraordinaires de composition lithologique dans les couches dont la continuité est connue, à quelques kilomètres à l'est et à l'ouest, ne permettent d'expliquer beaucoup des plus importants phénomènes que par des hypothèses plus ou moins ingénieuses. Rogers plaçait le centre de la force compressive qui avait déterminé, d'après lui, les ondulations de couches si curieuses qui abondent dans cette région, au sud-est de la Pennsylvanie, sous la partie adjacente de l'Atlantique. Les preuves de son action fournies par la chaleur développée, et par la pression exercée, sont très nombreuses ; il suffit, en effet de noter ici la condition beaucoup plus cristalline des roches, à mesure qu'on s'avance vers le sud-est, leurs inclinaisons plus fortes, et l'existence dans les mines orientales, d'anthracite dure, considérée comme contemporaine des charbons bitumineux de l'ouest de l'Etat.

L'intéressante observation de Rogers, qui cherche à établir une liaison entre l'action de cette force et la forme actuelle des courbes les plus rapprochées du siège supposé de l'action, se rattache au sujet des influences dynamiques dans le sud-est. Toutes les coupes dans la partie sud-est de la Pennsylvanie montrent les plis *renversés*, c'est-à-dire, que les inclinaisons des deux ailes de l'anticlinal et du synclinal sont les mêmes , quoique généralement l'angle de ces inclinaisons varie. Pour plus de clarté dans la description, admettons que la direction de toutes les roches soit du nord-est au sud-ouest. Chaque pli anticlinal a donc son aile, côté ou pente, l'un nord-ouest et l'autre sud-est. Dans la région qui nous occupe, la direction de l'inclinaison des deux ailes, est la même (c'est-à-dire sud-est), mais la pente de cette inclinaison est différente, l'angle d'inclinaison, à l'horizon du côté nord-ouest, est presque toujours plus grand que celui du côté sud-est.

Dans la coupe à travers la South Mountain ci-jointe, se trouve un exemple de cette structure. La direction dans laquelle l'observateur regarde, est supposée être celle du nord-est et par conséquent, la direction sur le papier, à gauche, sera nord-ouest, et à droite, sud-est. Rogers a été le premier à appeler l'attention sur ce fait, que la pente du côté nord-ouest des anticlinaux était, à peu d'exceptions près, plus rapide que du côté sud-est.

La conclusion naturelle et en quelque sorte inévitable est, qu'après un certain plissement, une pression du sud-est au nord-ouest, devait avoir pour résultat nécessaire de renverser les crêtes des plis, en exagérant leur inclinaison dans cette direction, exactement comme cela arriverait si une force semblable était appliquée à une masse de pâte ou d'argile plissée de la même manière. Rogers n'a pas cherché à spécifier la nature de cette force et il ne serait pas utile d'essayer de le faire ici (1); la pression exercée par la

---

(1) L'opinion bien connue de ce géologue rapporte la production des ondulations de tremblement de terre, à celles d'un magma inférieur qui seraient transmises dans la croûte plastique qui le surmonte ; elle ne touche pas le point en question.

contraction de l'enveloppe extérieure d'un globe qui se refroidit
est insuffisante pour en donner une explication, parce qu'il n'y
a pas de raison pour que les crêtes des ondulations soient
toujours inclinées dans une même direction.

On peut cependant supposer que le plus grand tassement
de l'un des côtés pourrait avoir déterminé le mode d'action de
la pression qui produisit cet effet ; et que les crêtes des
vagues anticlinales furent probablement poussées vers la
région qui s'enfonçait. S'il en est ainsi, il ne sera pas difficile
de comprendre le phénomène que l'on observe ici de l'existence
de bandes de roches sédimentaires non métamorphosées au
nord-ouest, et surtout si les dépôts de l'étroit estuaire
mésozoïque prouvent que le nord-ouest était plus fréquemment soumis à l'invasion de l'eau — (c'est-à-dire était plus
bas) — que le sud-est. En fait, cet estuaire, suivant l'opinion
généralement acceptée, était une mer intérieure.

Quant à l'étendue de la décomposition qui s'est opérée, le
témoignage de tous les géologues qui ont examiné les
frontières orientales des Middle States de l'Atlantique, est
unanime [1].

Le Dr Hunt a reconnu la même action en New-York,
tandis que dans la Caroline du Nord nous avons remarqué la
plus complète décomposition sur une profondeur de vingt
cinq mètres ; en quelques cas, les parties constituantes des
roches, ou le résidu de silicate d'alumine occupant les mêmes

---

[1] « L'étude lithologique dans ces régions (c'est-à-dire la Caroline du Nord, le
Tennessée) est rendue difficile par le fait qu'elles sont couvertes souvent à une
profondeur de cent pieds et plus par les produits en place de leur propre
décomposition ; les bases de protoxide ayant été enlevées par la solution du feldspath
et de l'amphibole et toute la roche à l'exception des couches de quartz, réduite à une
masse argileuse, montre encore cependant les plans inclinés de stratification. Les
observations de C. R White dans le Nord-Ouest montrent que cette décomposition
des gneiss Eozoïques était antérieure à la période crétacée, tandis que dans le Missouri,
suivant les études de R. Pumpelly, confirmées par mes propres observations, les
porphyres quartzifères, avec lesquels les minerais de fer se trouvent, étaient ainsi
décomposés avant le dépôt des grés cambriens. » Voyez J. S. Hunt, Proc. Boston society
for Nat. History Oct. 15, 1873.

positions, que celles des feuilles de mica et les cristaux de feldspath, forment pour ainsi dire des *fossiles minéraux*. Mais la dégradation de la surface au dessous du 40° degré de latitude ne semble pas avoir été aidée par la force mécanique, autant qu'au-dessus de ce parallèle ; soit parce qu'aucune action n'a été éprouvée au-dessous de ce parallèle, soit au moins parce que les preuves de cette action rabotante et triturante des masses rocheuses les unes sur les autres sont en plus petit nombre, et les résultats comparativement insignifiants. Mais au-dessus de cette latitude, les roches striées, les moraines, les argiles glaciales et tous les autres témoignages de masses de glaces préexistantes sont assez fréquents, et on peut voir aisément quel effet elles ont dû avoir, en moulant une surface qui devait avoir été déjà profondément attaquée, par l'action chimique des eaux de dissolution. Dolomieu nomme cette action la « maladie du granit. »

En fait, tout ce que nous connaissons des phénomènes dont nous sommes témoins aujourd'hui, s'accorde avec l'hypothèse d'une pression agissant suivant une ligne Sud-Est à Nord-Ouest et aucun fait à notre connaissance ne contredit cette théorie. Cela semble amplement prouvé par les plissements, les directions des couches, l'orientation générale des failles, des filons de trapp que l'on retrouve suivant une ligne S. S. O. à N. N. E. Cette direction s'accorde plus approximativement avec la direction moyenne des couches dans les parties Nord et Sud de la Pennsylvanie et près de la Delaware.

Peu d'éléments sont plus constants dans la géologie sur une grande partie d'un continent que cette direction des roches dans l'Amérique du Nord à travers les quadrants Nord-Est et Sud-Ouest de la boussole. Nous l'avons observée depuis le Maine jusqu'à la Géorgie et dans tous les Etats où se trouvent de grands affleurements aussi loin à l'Ouest que l'Utah.

Il arrive fréquemment qu'on découvre une fracture transverse à cette direction ; mais de semblables fractures ne sont pas aussi souvent les canaux des matières éruptives que les causes de grands traits distinctifs de la topographie du pays. Il s'en trouve probablement une, dans le canal de la Susquehanna elle-même qui, malgré les barrières ordinaires qui déterminent la direction des cours d'eau, a tracé son lit, comme on l'a dit plus haut, à travers les roches les plus dures des périodes Dévonienne, Silurienne et Cambrienne. Il est impossible de concevoir un pareil cours à moins qu'une cassure ne se soit produite à l'origine pour le permettre ; il y a des preuves qui semblent montrer non-seulement qu'il y avait une semblable faille ouverte par des forces dynamiques antérieurement à toutes les actions fluviatiles ou glaciales dont nous voyons les traces, mais encore que la production de cette faille a été suivie d'une poussée (pression latérale) de la rive droite vers le Nord-Ouest pendant une distance de deux à trois kilomètres, avant que la région devînt le fond de la mer Mésozoïque et que les grés de cette époque fussent déposés. Les preuves du mouvement sont : 1° Le manque de concordance entre les limites des phyllades avec damourite et du calcaire de Lancaster sur les deux côtés du fleuve. Dans beaucoup de cas ce calcaire se trouve en langues étroites entourées de phyllades, et isolées de lambeaux calcaires analogues que l'on reconnait sur la rive opposée du fleuve à quelques kilomètres au Sud-Est (par exemple le calcaire de Cabin-Branch Run sur la rive droite avec celui qui atteint la rivière à l'embouchure du Conestoga sur la rive gauche ; le calcaire en aval de Wrightsville, avec l'affleurement à Washington etc.) On pourrait voir dans le quartzite de Potsdam, qui traverse la rivière au dessus de Columbia, un indice qu'une telle poussée ne s'est pas produite ; cette formation présente en effet des contours très réguliers, mais le large développement du quartzite sur la rive droite et son étroit affleurement sur la rive gauche, rendent possible un mouvement très considérable sans une dislocation positive. La rive gauche de la rivière au dessus de ce quartzite offre une large plaine basse, dépourvue d'affleurements de roches en place, et suffisamment obstruée de débris pour cacher toutes les roches broyées et déplacées à la suite de cette action dynamique. 2° Un phénomène moins convainquant, mais qui cependant ne doit pas être passé sous silence, est le changement dans la direction des couches, au moment où elles traversent la Susquehanna et leurs plus petits angles avec les parallèles de latitude, à l'est de cette rivière. Il est vrai qu'il n'y a pas de dislocation assez considérable pour séparer entièrement les contours des larges formations qui constituent les montagnes ; mais l'effet d'une force comprimante, dans la direction générale du cours de la rivière, apparait suffisamment.

Une autre faille de même espèce mais qui probablement a eu une moins grande influence, coupe la South Mountain entre Chambersburg et Cashtown ; elle est décrite dans le rapport de l'auteur pour 1875 (cc). Le résultat ici a été de rejeter à l'Ouest la partie nord de la montagne dans la vallée de Cumberland. Dans aucun de ces cas cependant le mouvement (si on l'admet) n'est considéré comme ayant eu de l'influence sur les contours de la série Mesozoïque et par conséquent est supposé antérieur au dépôt de ces couches.

Ce double changement dans la direction des roches qui affleurent en Pennsylvanie est, on peut le dire, remarquable sur toute l'étendue de cet Etat, et à un moindre degré au-delà des frontières.

Un coup d'œil sur la carte orographique (voir la planche) fera saisir ce trait de l'orographie. Quant à la cause primitive de la direction prise par ces chaînes de collines, soit qu'on adopte les opinions de Humboldt, von Buch et Elie de Beaumont sur l'influence du soulèvement et du plissement des couches, ou les théories plus modernes de Constant Prévost, Lyell, Hall et Lesley sur la plus grande influence des accumulations de sédiment, suivant des lignes fixes; la force mécanique nécessaire pour produire l'un ou l'autre effet, ne peut être refusée à la région. Si l'on désire des preuves du plissement des couches, elles abondent dans toutes les coupes, on en trouve jusque dans les moindres élévations, telles que la crête anticlinale de Chikis. D'un autre côté, conformément à la théorie qui restreint la formation des montagnes à l'accumulation du sédiment, des couches minces ici sont à la distance de quelques centaines de kilomètres à l'ouest, d'une énorme épaisseur. L'épaisseur du calcaire, d'après des mesures prises avec le plus grand soin par l'auteur en 1875 est de 640^m. L'épaisseur des phyllades, avec damourite et des chlorito schistes qui l'accompagnent, est beaucoup plus grande ainsi qu'on le verra dans la coupe.

Les accumulations de sédiments, ceux qui ont été entièrement métamorphisés, comme ceux qui sont restés tels qu'ils étaient originairement, représentent différents âges et différentes formations du même âge. Nous les décrirons brièvement. Notre description est le résultat de nos recherches personnelles, si plusieurs géologues distingués ne partageaient pas toutefois notre opinion sur le classement de portions spéciales de territoire dans la plupart des divisions nommées ici, tous admettraient probablement que des représentants de ces divisions existent dans la région que nous examinons, mais sur des étendues plus restreintes.

Le *Laurentien* est, selon toutes probabilités, représenté par des syenites, des porphyres et des granites, dans la partie nord de Chester, où le développement des couches de graphite est considérable. Il y a aussi des gneiss amphiboliques et des roches amphiboliques même, qui là et dans la partie méridionale du pays, ont beaucoup d'analogie avec le Laurentien typique des Adirondacks, quant à la structure et aux minerais qu'ils contiennent. Il n'est pas possible cependant d'affirmer pour ce motif, une différence d'âge entre deux séries si étroitement alliées que le Laurentien supérieur et les couches inférieures de la série des Green Mountains, ou couches huroniennes, comme Mac Farlane l'a le premier reconnu en 1862.

Le développement considérable des roches amphiboliques et pyroxéniques (amphotérolitiques), dans certaines parties de la région, rendrait probable, comme l'a supposé Hunt (¹) que les roches qui se trouvent au sud de la bande Mésozoïque, dans le comté de Chester, au moins en certains endroits, sont des représentants de l'âge Laurentien.

(1) Voyez Geognosy of the Appalachians, 1 mémoire présenté à l'Am. As. for the advancement of science 1871.

Description des Formations.

LAURENTIEN.

Nous commencerons en donnant la description que le Docteur Hunt a donnée du caractère général lithologique des deux plus anciennes séries cristallines connues jusqu'à présent dans la géologie de l'Amérique. Ses vues sont d'autant plus importantes qu'il a beaucoup contribué à l'établissement de ces groupes et que plus que tout autre peut-être il les a fait connaître dans les différentes parties des Etats-Unis.

» I. *La série d'Adirondack ou Laurentide* que constituent les roches nommées Laurentiennes, peut être définie comme formée principalement de gneiss granitique ferme, souvent à grains très grossiers et généralement de couleur rouge ou grisâtre. »

» Ces gneiss sont fréquemment amphiboliques, mais ne contiennent que rarement ou jamais beaucoup de mica, et les schistes micacés (souvent accompagnés de staurotide, de grenats, d'andalousite et de cyanite) si caractéristiques de la série des White Mountains, ne se trouvent pas parmi les roches Laurentiennes. Il n'y a pas parmi ces roches d'argilites que l'on rencontre dans les deux autres séries. Les quartzites et les roches pyroxéniques et amphiboliques associés à de grandes formations de calcaire cristallin, à du graphite et à d'immenses couches de minerai de fer magnétique, donnent un caractère particulier à une partie du système Laurentien. »

» II. — *Série des Green Mountains :* Les roches
quartzeuses feldspathiques de cette série sont en grande partie
représentées par du pétrosilex ou Eurite, quoiqu'elles prennent
souvent la forme de véritables gneiss. Les variétés porphy-
ritiques rougeâtres, à gros grains, souvent communes,
manquent dans les Green Mountains où le gneiss est généralement d'une nuance verdâtre, pâle et grisâtre. Des diorites
massives stratifiées et des roches épidotiques et chloritiques
plus ou moins schisteuses, des stéatites, des serpentines de
couleur sombre, des dolomites ferrifères caractérisent aussi la
série des gneiss et sont intimement associés avec des couches
de minerais de fer, généralement de l'hematite schisteuse et
quelquefois du fer magnétique. Du chrome, du titanium, du
nickel, du cuivre, de l'antimoine et de l'or, se rencontrent
fréquemment dans cette série. Les gneiss passent souvent aux
quartzites schisteux micacés, et les argilites qui abondent
fort souvent prennent un caractère onctueux mou, qui leur
a valu le nom *d'ardoises talqueuses,* ou nacrées, quoique
l'analyse montre qu'elles ne sont pas magnésiennes, mais
qu'elles se composent d'un minéral hydro-micacé allié à
la paragonite. »

Les roches amphiboliques ou syenitiques dont il a été
parlé plus haut comme appartenant au Laurentien, forment
dans l'aire que nous examinons, des crêtes comparativement étroites, enchevêtrées comme les doigts étendus
d'une main avec ceux de l'autre main ; elles disparaissent dans
l'extrême Est et Nord, au point où le Mesozoïque et l'Eozoïque se rencontrent dans le Chester avec le quartzite
primordial. L'existence simultanée dans ce comté de Chester
de deux séries de roches comparables, l'une représentant
l'extrême état basique des roches plutoniennes, l'autre
l'extrême état acide de ces roches, rend au premier abord
improbable qu'elles puissent avoir été contemporaines. Delesse

dans son « Mémoire sur la constitution minéralogique et chimique des roches des Vosges, (1) dit : « Comme résumé de ce que je viens d'exposer il me semble qu'il y a lieu d'établir, pour les terrains non stratifiés, le principe suivant : *Le plus généralement les roches du même âge ont même composition chimique et minéralogique*, et réciproquement des roches ayant même composition chimique et formées de minéraux identiques, associés de la même manière, sont du même âge. »

Nous pensons que la différence de caractères chimiques de ces roches suffit à prouver qu'elles ne se sont pas formées en même temps, mais qu'elles sont nécessairement de formation successive. De plus, la superposition considérée comme immédiate, de ces deux séries de roches Laurentiennes acides et basiques, rend très improbable d'après nous, qu'elles étaient à la même époque dans une condition plastique, considérée comme le résultat d'une fusion ignée. Dans ce cas en effet, chacune d'elles aurait pris le caractère de l'autre, sur une zone mixte, ou de passage, d'une épaisseur considérable, dont on n'a reconnu que de bien faibles traces, si même on a pu en observer. Sous ce rapport les belles expériences de M. Daubrée qui se trouvent dans les Comptes-Rendus de l'Académie des Sciences, séance du 15 Novembre 1857, dans les Annales des Mines, 5ᵉ livraison, 1857, sont instructives : « La méthode expérimentale consistait à exposer dans des vases clos, et par des moyens qu'il serait trop long d'indiquer ici, l'eau et les réactifs à une température d'au-moins 400 degrés, pendant environ un mois... »

De la décomposition du verre par l'eau à Plombières, se formaient une substance blanchâtre et d'innombrables cristaux très petits de Diopside.

---

(1) Bulletin de la Société géologique de France. Séance du 17 Mai 1847. Tome IV, série 2, p. 786.

De l'obsidienne, une transformation en feldspath était effectuée par voie de l'eau suréchauffée. Mais après avoir démontré que l'eau suréchauffée pouvait produire des cristaux différents, selon la composition, soit de la substance sur laquelle elle agit, soit des substances qu'elle renfermait, dissoutes, il ajoute :

« Avec les fragments d'Obsidienne sur lesquels j'ai opéré,
» se trouvaient des morceaux de feldspath vitreux, détachés
» du trachyte du Drachenfels, et de l'oligoclase de Suède.
» Ces deux derniers minéraux n'ont subi aucune altération
» appréciable.

« Nous voyons ici une sorte de confirmation de l'expé-
» rience précédente, sur la stabilité des silicates, qui ont
» originairement cristallisé dans des conditions peut-être
» assez voisines de celles où ils se trouvaient de nouveau
» placés. »

» Il en est à peu près de même des feuilles très minces
» de mica potassique de Sibérie ; elles ont à peine perdu
» de leur transparence. »

» Des cristaux de pyroxène n'ont pas non plus changé
» d'aspect, si ce n'est que comme les morceaux de feldspath et
» d'Obsidienne, ils ont été si complètement enveloppés de
» cristaux de quartz, qu'il faut les briser pour en reconnaître
» la nature. »

Puis (p. 2, Ext. Ann. des M.) :

» Nous avons reconnu que le feldspath, soumis à 400°
» à l'action de l'eau alcaline, ne subit aucune altération, et
» il n'y a pas à s'étonner puisqu'il se trouve alors dans les
» conditions mêmes où il prend naissance.

Son observation sur le cuivre et l'argent du lac Supérieur, offre une analogie avec la question que nous développons, s'il n'y avait pas à distinguer toutefois entre cristallisation et précipitation.

» Si le cuivre et l'argent natifs, renfermés abondamment
» dans des roches amygdaloïdes du lac Supérieur, se sont
» déposés dans ces roches, en contact l'un avec l'autre, sous
» forme d'alliage, c'est que ces deux métaux se précipitaient à
» une température inférieure, et peut-être de beaucoup, à celle
» à laquelle ils sont susceptibles de fondre ou de s'allier. »

Puis (p. 36) :

» Les laves les plus chaudes et les plus chargées de
» vapeurs aqueuses, non plus que les basaltes et les trachytes,
» ne modifient pas les roches, sur des épaisseurs notables, tant
» qu'elles agissent sous la pression atmosphérique. »

Cette dernière observation a une grande importance
relativement au phénomène sur lequel notre attention est
précisément dirigée, c'est-à-dire l'explication du contact de
roches de caractères chimiques opposés. Quelque difficile
qu'il soit de se représenter la désagrégation simultanée mais
diverse de deux masses, dans une condition qui permettrait un
changement moléculaire, sans influence réciproque sensible de
l'une sur l'autre, notons que cette difficulté diminue quand on
admet qu'une de ces masses était formée depuis longtemps.
En effet les cristaux qui la composent n'étaient pas aussi
susceptibles de changement, même dans des conditions qui
permettraient la cristallisation dans la masse adjacente.

Il y a donc deux raisons de croire que les massifs
entrelacés de porphyre grossier et de syenite, ou de gneiss
amphibolique, n'étaient pas contemporains, et aucune raison
pour rejeter la proposition inverse.

C'est-à-dire que ces expériences de M. Daubrée rendent
extrêmement probable qu'une roche composée de cristaux d'un
amphotérolite et d'un géolite (Diopside et feldspath dans
l'expérience en question, mais probablement aussi d'un
amphibole et d'un feldspath) peut, après sa cristallisation
complète, et après avoir pris sa forme définitive, résister à

l'action de la chaleur et de la vapeur. Cette roche a pu dans la condition plastique de fusion ignée-aqueuse, conserver un recouvrement rocheux , plus acide, où se seraient isolés des cristaux de feldspath et de quartz. Pourtant l'évidence lithologique est grandement en faveur que ces deux classes sont réellement « Laurentides » comme on le verra, en comparant leur description avec la définition du Docteur Hunt, qui précède.

Le plus grand nombre des roches qui sont répandues sur la partie nord du comté de Chester, où les roches éozoïques affleurent, comme l'indique la carte coloriée qui accompagne ce travail, sont syenitiques ou porphyriques et souvent à grands cristaux.

Ces roches à gros cristaux de feldspath d'une nuance légèrement rouge ou pale contiennent des masses de quartz disséminées, depuis la grosseur d'un pois jusqu'à celle d'une noix. Ce quartz est souvent bleuâtre ou légèrement rosé et dans beaucoup de cas où la décomposition a profondément attaqué la roche, il est répandu librement sur le sol d'argile blanche qui reste, ou a été remanié de manière à former le grès primordial qui recouvre la surface. En l'absence d'autre preuve nous pouvons donc considérer ces deux roches comme représentant deux portions du Laurentien. Dans la partie méridionale du comté et spécialement en Delaware la même chose est vraie. On y trouve des roches Syenitiques ou amphiboliques alliées aux porphyres feldspathiques. Dans l'une et l'autre région ces derniers sont surmontés par des roches formées de semblables matériaux mais qui diffèrent cependant par le mode de leur composition. Ces roches ressemblent d'une façon frappante à de vrais porphyres ; mais elles sont serrées plus irrégulièrement et donnent presque invariablement naissance à de grands dépôts de kaolin à travers lesquels le quartz est librement distribué. Ces dépôts ont été supposés appartenir à une période plus récente.

Le long de ces roches au Nord de la vallée de Chester sont des schistes et des gneiss dont les derniers contiennent généralement une grande proportion d'amphibole. On les aperçoit tout près de la région syenitique et porphyritique qui vient d'être décrite et à quelque distance au Sud de la limite méridionale du Mesozoïque, qui semble sur la plus grande partie de sa longueur toucher les roches les plus anciennes ou Laurentiennes. On ne pourrait prétendre cependant distinguer exactement ces deux formations sur la carte qui accompagne ce mémoire en raison de la très petite échelle de cette dernière et du manque de données suffisantes pour tracer leur ligne de jonction supposée. On remarquera cependant sur la carte que le seul empiétement considérable de schistes à l'est de la surface occupée par le calcaire de Lancaster, représente l'un des divers anticlinaux « mourants » de Laurentien, couverts en partie par le quartzite primal ou de Potsdam. Cet anticlinal plonge sous le calcaire et il est bientôt perdu dans une direction Sud-Ouest parmi les plis mal définis ou déformés, de ce terrain. Mais au Sud de celui-ci et juste au Nord de la vallée calcaire de Chester, se trouve un autre anticlinal, affectant les couches à une grande profondeur et peut-être identique avec l'anticlinal Tocquan, dont on parle dans la coupe de la Susquehanna comme le trait caractéristique de la géologie de toute la région.

Cependant on ne trouve pas dans ce dernier anticlinal de roches Laurentiennes aussi loin à l'Ouest ; la voûte de roches que l'on suit à travers la limite du comté est formée de phyllades et de roches congénères semblant déjà caractériser la formation suivante de l'âge Archéen.

Une des preuves de l'origine Laurentienne des portions orientales de cette région que nous venons de décrire, est l'existence de plusieurs horizons bien définis de graphite que l'on reconnait en si grande quantité dans les plus anciennes roches connues.

Un de ces districts a été exploité et on en a retiré une quantité considérable de graphite à peu de distance du village de Windsor. La décomposition des roches que l'on y rencontre et la proximité des blocs de quartzite qui les bordent montrent que jamais aucun amas considérable de roches huroniennes n'y a été déposé, ou qu'elles ont été enlevées par les agents atmosphériques. La série Laurentienne a dû subir une décomposition profonde avant la formation du plus ancien groupe de Champlain. (C'est à-dire le quartzite de Potsdam ou Primal suivant la classification de Rogers.)

HURONIEN.

Sans chercher à décrire ici en détail l'ordre dans lequel se présente la superposition du Huronien sur le Laurentien, étude pour laquelle la région est mal adaptée, nous considèrerons ici ces roches géographiquement, en suivant une ligne Est-Ouest, et en nous occupant d'abord des groupes qui sont encore l'objet de recherches scientifiques et au sujet desquels il existe aussi des divergences d'opinion.

Région orientale

Au nord de la vallée de Chester les townships suivants (en marchant de l'Est à l'Ouest) ne montrent pas de formations plus anciennes que le grès primal (ou le quarzite), si l'on en excepte quelques roches que l'on pourrait rapporter au Laurentien. Ces roches sont principalement des gneiss amphiboliques et des roches feldspathiques contenant plus ou moins de quartz et par conséquent différentes l'une de l'autre quant au degré de décomposition à laquelle elles ont été soumises : Charlestown, Pikeland (Est et Ouest), Vincent Ouest, Nantmeal (Est et Ouest), Wallace, et Honey-Brook et les parties orientales d'Uwchlan (supérieur et inférieur.)

Dans tous ces townships, les roches manquent comparativement de mica. On peut en dire autant d'une bande étroite qui s'étend du territoire de Honey-Brook en descendant jusqu'à l'affluent occidental de la rivière de Brandywine.

D'un autre côté, à l'Ouest du village de Windsor dans l'Uwchlan supérieur, et à Lionville dans l'Uwchlan inférieur, la richesse en mica des roches augmente, et des gneiss micacés contenant aussi fréquemment de l'amphibole, des schistes chloritiques et à damourite se rencontrent fréquemment avec le pseudo-porphyre déjà décrit dans les townships à l'Est et à l'Ouest du Brandywine, West Caln, Valley et Sadsbury. Ils se continuent dans les comtés de Lancaster et d'York dans toute notre région au Sud de la vallée de Chester. Toutes ces roches (avec un petit nombre d'exceptions dont il va être parlé) participent au caractère qui vient d'être décrit ; mais les schistes à damourite les chloritoschistes et en général les roches à grains fins cristallins sont beaucoup plus répandus au Nord d'une ligne qui relie le coin supérieur de la serpentine dans le township de Willistown, avec le calcaire de Doe-Run et de là dans une direction plus méridionale, à l'extrémité orientale de la serpentine dans le township d'Elk. Cependant aucune ligne de démarcation stricte n'est possible, tout ce qu'on peut dire, c'est qu'au Sud de cette ligne la quantité de mica augmente et qu'il est plus généralement allié à la Muscovite au Sud, qu'au Nord de cette ligne.

Les exceptions mentionnées sont deux ou trois petites

langues de gneiss syenitique et amphibolique, qui entrent dans la partie méridionale du comté de Chester, du comté de Delaware dans l'Etat du même nom, dans une direction presque parallèle à celle de la vallée de Chester elle-même. Une de ces langues étroites traverse le township de l'Easttown, on peut en observer d'autres près de la ville de West-Chester ainsi que le long de toute la frontière Sud-Est du comté de Chester.

Ces phyllades et schistes huroniens présentent des serpentines, près de leur limite S.-E. On trouve très fréquemment des grenats empâtés dans les schistes. Du corindon (dans le township de Newlin), de la magnésite, du minerai de fer chromé et en général tous les minéraux alliés à la serpentine (comme à la mine de « Wood » dans le comté de Lancaster) s'y trouvent mêlés. Les ardoises tendres mais solides de Peach Bottom, ne forment qu'un accident de ces schistes, changés par quelque cause locale en masses qui montrent la plus grande ténacité et de plus grands plans de clivage. La mine de nickel « Gap » dans le comté de Lancaster est aussi une dépendance de ces couches, aussi bien qu'un grand nombre de mines de fer, (non pas cependant il faut le dire celles qui sont exploitées sur la plus grande échelle).

Il y a des espaces irréguliers dans ces schistes où le caractère chloritique est tellement prononcé, que l'on espérait d'abord les définir comme des horizons séparés du reste, mais il arrive toujours si on les suit une certaine distance, qu'ils se contractent en largeur et finalement disparaissent sans aucun rapport visible avec la direction des couches. Cependant d'une façon générale la zône dans laquelle se trouvent ces chlorites est bien marquée et c'est précisément celle dans laquelle on trouve la serpentine et les ardoises. En réalité la tentative qui a été faite, puis abandonnée, de marquer sur la carte géologique les aires de ces chloritoschistes n'a abouti qu'à délimiter un nombre de régions restreintes, très analogues en apparence et en forme, à celles qui représentent actuellement sur la carte les affleurements de serpentine; elles se trouvaient dans la même zône que celles-ci.

Les deux faits sont significatifs et en parfaite harmonie avec la dernière opinion de Delesse (1859 et plus tard) que ces diverses roches magnésiennes, chloritoschistes, stéatites et serpentines peuvent être le résultat de la cristallisation de semblables magmas, c'est-à-dire d'argiles magnésiennes.

Cette opinion sur l'origine des serpentines est virtuellement la même que celle formulée par Scheerer.

Il faut avouer que beaucoup des échantillons de schistes à damourite, qui ont été attribués ici au système Huronien, ressemblent d'une manière frappante à d'autres schistes, qui sont aussi clairement de la période silurienne, mais ce fait même s'il était admis ne suffirait pas à prouver que les uns et les autres sont du même âge, malgré la formule de Delesse ci-dessus citée.

Il est bon de rappeler que moins les roches possèdent de caractère tranché, plus elles se répètent dans des étages différents.

Ces mica-schistes, schistes à damourite, gneiss chloritiques et micacés, représentent la plus méridionale et la plus orientale des trois bandes du Huronien de ce district; elle contient presque tous les minéraux accessoires qui ont servi à les distinguer ailleurs, et s'étend du comté de Chester en une bande large, ininterrompue, à travers le Lancaster méridional et la partie méridionale du comté d'York jusque dans le Maryland.

. Les mica-schistes de cette bande varient, quant à la dimension des cristaux de mica qui les constituent et à la chlorite qu'ils contiennent.

On a dit ailleurs, en traitant une autre partie du sujet, que

la dimension des plaques de mica augmente très sensiblement
à mesure qu'on s'avance au Sud dans tout le district dont il est
ici question. Les roches dont est composée la South Valley Hill
sont en général crypto-cristallines ou tout au plus grenues,
rarement ou jamais *cristallisées* en individus distincts.
La fracture de ces roches est brillante ou scintillante sur
de larges faces, sans présenter à l'œil l'apparence d'une masse
hétérogène. Il est vrai qu'à des intervalles irréguliers (comme
juste au Sud de Downington) la chlorite qui entre dans la
composition de la roche lui transmet une partie de son caractère particulier, (c'est-à-dire quant à la couleur, à l'éclat, au
toucher, etc.) mais elle reste toujours une roche indécise dont
le caractère n'est pas complètement établi par le métamorphisme.

Dans certaines parties on ne peut les distinguer des schistes
argileux, ni en d'autres parties des gneiss moins quartzeux
et plus micacés.

Indépendamment de ces changements que l'on peut supposer dépendre de l'amplitude de l'influence métamorphique à
laquelle les couches ont été soumises, il faut noter l'abondance
variable de la chlorite qui peut être de même attribuée à la
différence de composition chimique et spécialement à la quantité de magnésie. D'innombrables modifications sont dûes aux
différentes actions de ces deux facteurs, qui ont agi souvent, bien
qu'à des degrés différents, sur des couches identiques, et y ont
donné naissance à de nombreuses variétés qu'il est impossible de
classer. A proprement parler les mica-schistes, (les schistes à
damourite qu'on peut y rattacher ici), et les chlorites, devraient
être considérés ensemble, pour simplifier la description ; aucune
tentative pour les séparer n'ayant encore réussi. Nous les
étudierons toutefois successivement.

Sous un seul rapport, et à un point de vue bien subordonné
et accessoire, les mica-schistes, les schistes à damourite, et les

chloritoschistes se distinguent par leur aspect et par les roches qui les environnent, des schistes Aurorals. Ils s'en distinguent par la fréquence du quartz, tant en veines qu'en fragments brisés provenant des veines originaires et que l'on y rencontre toujours.

Mais ici même il y a lieu de distinguer, car de ces trois variétés lithologiques, les chloritoschistes sont les roches traversées par le plus grand nombre de grandes et de petites veines de quartz. Quant aux deux autres, si nous pouvons nous en rapporter à notre expérience sans pouvoir citer aucune observation exacte, les mica-schistes viennent ensuite et les schistes à damourite sont les derniers.

Ce quartz est généralement de l'espèce connue sous le nom de quartz laiteux et il est très rarement transparent ou limpide. Ce caractère laiteux est une des nombreuses raisons qui peuvent être invoquées en faveur de son origine aqueuse ; l'interprétation de la géologie de toute la région est de plus opposée à l'application de toute méthode connue de séparation de quantités si énormes de quartz, d'une masse, à l'état de fusion ignée.

Les dimensions de ces veines de quartz qui coupent les couches de chloritoschistes et de mica-schistes, en filons qui ont quelquefois plusieurs mètres de largeur, semblent dépendre de celles des fissures par lesquelles l'eau chargée de la silice s'est infiltrée. Bien qu'il n'y ait pas de relation évidente entre la formation du quartz et l'âge des roches encaissantes, il peut y avoir eu production plus facile des fissures dans les roches de cette époque et leur formation peut avoir eu pour conséquence la production de veines de quartz aqueux ; des fissures analogues peuvent avoir eu plus tard, pour résultat, pendant l'âge Mesozoïque, de déterminer l'arrivée de filons de Dolérite massive.

Nous citerons plus loin un autre exemple de la présence

du quartz dans ces couches, par suite d'une action postérieure
à leur formation, quand il s'agira des chlorites et ici du moins,
il vient fortement confirmer notre opinion relative à son
origine récente. Nous verrons des schistes chloritiques mous,
imprégnés de silice en telle quantité, qu'ils sont devenus une
des roches les plus dures, tout en conservant leur couleur
verte et leur fissilité.

Après ce qui précède il ne sera pas nécessaire d'insister
sur les rapides changements des roches chloritiques suivant leur
direction, ni sur l'inégale répartition du quartz laiteux parmi
elles. Ce sont deux traits caractéristiques que cette subdivision
de la série Huronienne montre d'une manière plus frappante
qu'aucune autre, mais on ne peut pas dire qu'ils lui soient particuliers. Les couches ont été broyées et déformées spécialement
dans le sud-est, et beaucoup d'exemples d'éboulements et de
courbure des têtes de couches suivant les vallées, donnent de
fausses inclinaisons.

En certains endroits, comme dans la localité mentionnée
dans la coupe principale près de Williamson's Point, l'impré-
gnation des paillettes de chlorite avec de la silice a été si forte
que la roche frappée avec un morceau d'acier a donné du
feu.

Nous avons longtemps cherché à séparer les roches chloritiques des autres divisions de l'Huronien; mais nous avons été
forcé de reconnaître, que même à la distance d'un kilomètre les
roches avaient déjà changé complètement de caractère et qu'il
était oiseux de chercher à tracer une limite entre les chloritoschistes et les mica-schistes.

De même, lorsqu'on trouve à ce niveau comme c'est
souvent le cas, des roches très cristallines, où la magnésie fait
défaut et où la potasse est plus abondante, le type des schistes
à damourite de la série Aurorale se trouve naturellement
réalisé.

Région de la South Mountain.

Un autre massif de cet âge affleure dans la South Mountain et ici on peut observer quelques autres éléments de l'étage Huronien.

Le versant oriental de la South Mountain est composé de chloritoschistes, qui à une courte distance vers l'ouest, sont interstratifiés avec une roche que nous appelons « Orthofelsite » et finalement, sont remplacés par elle. Cette dernière était appelée *Orthophyre* par Hunt et *roche de jaspe* par Rogers. Elle affecte la plus grande diversité de forme et de couleur ; mais elle se compose d'une pâte très fine d'orthose et de quartz dans laquelle ou observe les restes plus ou moins décomposés de grands cristaux d'orthose. Cette roche est très fréquemment d'une très grande dureté et d'une très belle structure qui répondent suffisamment au nom qui lui a été donné par Rogers.

Quelquefois elle est décomposée en une argile blanche arénacée très finement lamellée, et dans ce cas elle donne au sol une couleur blanche qui contraste d'une manière frappante avec le terrain environnant ; associées à ces orthofelsites en zônes de largeurs variées, sont des roches de couleur sombre et généralement assez décomposées, chargées en grande abondance d'épidote. Les mines de cuivre qui se trouvent exclusivement dans les parties orientales de la South Mountain, renferment fréquemment des dépôts de cuivre natif dans les plans de contact entre les orthofelsites et ces roches épidotiques. A leur voisinage, se trouvent des blocs de Diabase de dimensions plus ou moins grandes, mais ces filons de diabase ne peuvent se trouver en place. C'est un fait intéressant que cette région d'orthofelsite, avec les diabases, les roches épidotiques et les schistes épidotiques et chloritiques qui lui sont associés, dont l'épaisseur perpendiculaire est d'environ un kilomètre sur la ligne qui joint le hameau de Cashtown à celui de Greenwood, disparaisse entièrement sur les bords du fleuve Potomac à environ 65 kilomètres au sud.

En suivant cet ensemble on finit par arriver sur un autre groupe inférieur en apparence, qui se compose de quartzites et d'un schiste contenant des masses cristallines de quartz rose, bleu et couleur d'améthyste.

L'inclinaison dominante des roches dans la South Mountain est au sud-est; mais le résultat de nombreuses coupes transversales indique clairement que cette inclinaison représente un anticlinal renversé. La prépondérance générale du groupe d'orthofelsite à l'Est, et du schiste chargé de quartz et de quarzite à l'Ouest, n'est modifiée que par la rencontre d'un banc mince et peu étendu de calcaire dans le voisinage de Caledonia Spring, Pine Grove etc.

Le quartzite ou grès Primal, ne se rencontre nulle part en place, excepté sur le versant occidental de la South Mountain, mais là il prend quelquefois un énorme développement (voyez Report for 1875 2ᵈ Geol. Survey of Pennsylvania Vol. CC). Il contient de grandes quantités de *Scolithus linearis* et irrégulièrement recouvre les couches les plus anciennes dont se compose la Montagne. Sur la pente orientale il n'est représenté que par des blocs détachés et des fragments, et on ne le trouve que très rarement dans la partie moyenne de la grande chaîne.

Telles sont les principales variétés de roches Huroniennes que contient le district en question ; on verra qu'elles se rencontrent pour la plupart en deux bandes dont la plus orientale couvre les parties inférieures des comtés de Chester, de Lancaster et d'York, et la plus occidentale constitue les couches de la South Mountain moins le quartzite rencontré sur sa pente occidentale, le calcaire de la partie moyenne, et peut-être les diabases et roches épidotiques dont il n'est guère possible aujourd'hui d'indiquer l'âge véritable. Ces dernières peuvent avoir eu une origine postérieure aux vraies couches Huroniennes qu'elles représentent, mais il n'y a maintenant aucun moyen d'en fixer l'époque avec précision.

L'hypothèse qui rapporte à une origine éruptive l'énorme masse de la moitié orientale de la South Mountain a été combattue par l'auteur (1).

En fait, quoique de vastes étendues de la South Mountain soient couvertes de fragments détachés et de galets de ces diabases et de ces roches épidotifères, on n'en a jamais trouvé en place excédant l'épaisseur habituelle des roches plutoniques remaniées dans d'autres couches ou en filons.

Partout où les roches affleurent on trouve que ces blocs épidotifères et ces diabases sont en très petite proportion relativement aux chloritoschistes et aux orthofelsites dans lesquels ils se rencontrent.

Région des Pigeon Hills.

On peut observer entre le comté d'York et celui d'Adams un autre petit affleurement de ces roches Huroniennes qui malgré son peu d'étendue offre de l'intérêt. La présence d'un anticlinal qui amène ici à la surface les schistes Huroniens, a déterminé

---

(1) Voyez « Reply to the paper on the relations of the rocks of the South Mountain to those of the Michigan Peninsula. » Proc. Am. Inst. Mining Engineers. (Séance à Baltimore).

la forme irrégulière de la partie méridionale du calcaire d'York
où se trouvent les « Pigeon Hills » tandis que le calcaire les
entoure en partie tous deux au nord et au sud.

La surface du sol ici est aussi parsemée de blocs détachés
de quartzite.

Limites du groupe chloritique.

Le groupe chloritique ou des chloritoschistes est à maints
égards, semblable au groupe intermédiaire, de calcaire et de
quartzite, dont il est séparé par une épaisseur peu considérable
de quartzites.

Il contient une quantité notable de silicate de magnésie,
sous forme de chlorite, qui donne aux roches la couleur verdâtre
terne caractéristique de ce minéral. Nous ne voulons pas dire
que la présence ou l'absence de chlorite dans les schistes et
phyllades nacrés détermine elle-même la position de la roche et
détermine sa classification entre ces deux groupes. Au contraire,
il y a beaucoup d'exemples de l'existence de matières chloritiques
dans les schistes argileux que l'on trouve intercalés dans le
calcaire lui-même, et assurément beaucoup d'horizons du
groupe que nous considérons sont dépourvus de matières
chloritiques.

En général cependant les schistes situés au-dessous du
quartzite de Chikis sont beaucoup plus chloritiques que les
schistes situés au-dessus, et s'en distinguent facilement, même
à distance, quand il sont en grandes masses.

La région approximativement triangulaire limitée par le
calcaire entre la *Turkey Hill Station* Ch. d. F. d. Col. à
P. D. et l'embouchûre de la Conestoga, ne paraît pas être
formée tout entière par ces roches chloritiques. On observe

dans l'angle sud de ce triangle, sur un peu plus d'un kilom., des mica-schistes et des gneiss.

La masse relativement restreinte, des chlorito-schistes occupe sa véritable position, par rapport à l'anticlinal large et complexe, des roches Eozoïques, qui va être décrit ; mais le contact des phyllades avec le quarzite qui devrait immédiatement les recouvrir vers le N. O. semble être masqué par la grande étendue de calcaire séparant Turkey Hill de Chikis. Ici le soulèvement d'un grand anticlinal, auquel est dû l'aspect de Chikis, n'a pas été assez considérable pour faire affleurer cette série, mais seulement pour faire apparaître les couches situées au-dessus de l'horizon du quartzite avec les nacrite qui les recouvrent.

Il ne sera pas hors de propos de présenter brièvement ici quelques réflexions sur ces couches dont la structure a des relations importantes avec toutes les autres formations.

Si les couches de cette région étaient disposées dans leur ordre régulier et sans discordance, nous ne trouverions pas le calcaire appliqué tantôt contre la série inférieure des chloritoschistes, et ailleurs contre le quartzite. Or, c'est ce que l'on voit dans les relations que le calcaire présente, avec les roches de Chikis, et d'autre part avec les chloritoschistes de Turkey Hill. Ici, à partir de cette rivière, il y a de fortes preuves de la discordance du calcaire et des formations sous-jacentes. Ces preuves ne seront pas sensiblement affaiblies par la fréquence de l'apparente concordance d'inclinaison entre ce calcaire et les couches sur lesquelles il repose, quelles qu'elles soient ; car il y a un ensemble de phénomènes locaux qui, bien qu'inexpliqués et imparfaitement compris, peuvent être dûs à des pressions subies par le calcaire, et qui auraient déterminé de fausses stratifications postérieurement à l'époque où l'ensemble de la formation a pris la place qu'il occupe aujourd'hui. Mais, dans un phénomène aussi considérable que le contact de formation différentes, de tels accidents sont éliminés et une seule explication est possible.

Encore, si ces contacts étaient confinés à la section de la Susquehanna, l'auteur hésiterait-il beaucoup à les annoncer ; mais, en réalité, ce sont les observations des townships de l'intérieur qui ont fourni les preuves les plus convaincantes à l'appui de cette opinion.

Ainsi, à 64 kilomètres seulement au N. E. de l'embouchure de la Conestoga, le calcaire est en contact avec la série Eozoïque proprement dite, dont il est séparé, sur la Susquehanna, par toute l'épaisseur des chloritoschistes de Turkey Hill ; et sur le bord Est de Turkey Hill, on peut suivre le contact du calcaire et des roches sous-jacentes depuis l'affleurement des chloritoschistes supérieurs jusqu'au gneiss de Safe Harbour, c'est-à-dire sur un espace de plus de 1219 mètres.

Ainsi, en ces points, distants de quelques kilomètres l'un de l'autre, on trouve le même calcaire, en contact avec ces formations séparées, et à tous les horizons, sur une distance perpendiculaire de 1828 mètres.

On suppose que ce massif de chloritoschistes est la continuation N. O. d'un grand dépôt (peut-être continu), dont on décrira prochainement la partie Sud-Est, comprenant les ardoises de Peach Bottom : le large anticlinal de Tocquan se montre entre ces deux affleurements de schistes chloritiques. La masse chloritique superposée aurait été dénudée pendant les nombreux changements qui se sont produits depuis que l'époque où les mica-schistes se déposaient.

Le massif le plus rapproché de chloritoschistes se trouve au Sud et à l'Est de *Fishing Creek*, dans le tonswship de Drumore. Nous l'avons trouvé dans tout le terrain, compris entre Fishing Creek et Peters Creek, peut-être même davantage.

La région ainsi indiquée provisoirement comme formée par ces couches contient les célèbres carrières d'ardoises de

Peach Bottom. La présence de ces ardoises ici et leur absence dans d'autres localités où les chloritoschistes abondent nécessitent naturellement une explication ; il faut que la production de ces ardoises tienne à des conditions spéciales.

En ce qui concerne ces ardoises de Peach Bottom, nous pensons comme nous l'exposerons plus loin, qu'elles représentent simplement une zône des chloritoschistes, zône peu différente sous le rapport de la composition chimique, de la composition moyenne des chloritoschistes. Leur structure se serait altérée et il se serait formé une roche noire-bleue à grains fins, peut-être sous l'influence locale d'un filon de dolérite qui traverse environ 3o kilomètres des couches Eozoïques, sans présenter de relations, ni avec l'inclinaison, ni avec le clivage, ni avec d'autres accidents, génétiques ou exagénétiques jusqu'à présent connus, de ces couches éozoïques. La terminaison supérieure de ce massif ardoisier au moins, paraît être à peu près au point où ce filon traverse leur direction ; et la ligne du filon, de ce point à la rivière, est parallèle à celle des ardoises. L'épaisseur totale de la zône ardoisière n'est pas considérable, et entre les minces veines de roche exploitée on trouve beaucoup de couches analogues aux chloritoschistes au milieu desquels on les rencontre en concordance.

La Serpentine qui se rencontre dans la bande sud-est du Huronien paraît sous beaucoup de formes diverses très rarement cristallisées. En règle générale c'est une roche arénacée, impure, d'un vert sombre, creusée de cavités et de sillons souvent remplis de magnétite et chargée de grandes quantités de minerai de fer chromé. Sa présence est toujours indiquée par de longues lignes de hauteurs arides sur lesquelles aucun arbre et à peine aucune herbe ne croissent. Quelquefois, comme dans les petits affleurements de serpentine du comté de Chester, la roche a été isolée en de nombreuses buttes abruptes.

Les impuretés de la roche et la facilité avec laquelle

certaines parties se décomposent font qu'on la trouve souvent
en masses criblées de trous, de sorte qu'il est assez souvent
difficile d'en vérifier la vraie nature.

Cette bande de serpentine a été exploitée depuis longtemps
pour son minerai de fer chromé, employé à la fabrication du
bi-chromate de potasse, etc. En même temps, la magnésie a
été utilisée. Entre autres mines que la recherche de ces minéraux a fait exploiter, la plus grande et la plus riche est
« Wood's Mine » dans un coude de la rivière d'Octoraro près
la jonction de la limite des comtés de Chester et de Lancaster
avec la limite du Maryland. La large excavation faite ici dans
la serpentine et constamment exploitée sur plusieurs niveaux
a amené au jour des dépôts minéraux d'un grand intérêt.
Dans leur nombre sont ceux de Deweylite ou Gymnite (H Mg
Fe_2 Si O) de Zaratite (Ni C O_3 + 2 H_2 Ni O_2 + 4 H_2 O) de
Brucite, d'Aragonite, de Magnésite et de Chromite.

Tous ces minéraux ont été trouvés dans cette mine très
beaux et d'une grande pureté ; on trouve à peu de distance
de cet endroit de beaux échantillons d'Ophiolite ou Verde
antique.

La condition de la roche est habituellement telle, qu'il est
impossible de reconnaître parmi les nombreux plans qui la traversent quels sont les plans de couches. Elle a l'apparence d'avoir
été broyée et brisée, et les séparations sont si irrégulières qu'elles
ressemblent à des fractures plutôt qu'à un clivage. On l'emploie
sur une grande échelle pour les constructions, usage auquel
est admirablement appropriée la portion plus compacte des
environs de West Chester ; ces pierres sont d'une couleur verte
brillante et durcissent rapidement lorsqu'elles sont exposées à
l'air.

On a répété fréquemment dans les pages qui précèdent, que
la Serpentine et les chloritoschistes semblent être simplement le
résultat de la quantité plus ou moins grande de la magnésie

dans les mêmes couches. Mais il y a certaines apparences qui, on peut le supposer, mettent sur la voie d'une autre explication ; ces apparences étant d'après nous trompeuses, il est nécessaire de les énoncer. Parmi les quelques endroits où la serpentine est suffisamment exposée pour permettre de juger de sa structure, la carrière de Brinton près West Chester est un des plus favorables. Les parois de cette carrière avaient, lorsqu'on les a examinées la dernière fois, environ douze mètres de taille.

Du grand nombre de plans que le mode de cassures de la roche expose à la vue, deux semblent posséder plus que les autres les caractères de plans de couches, ou plans de sédimentation. Un de ceux-ci s'incline N. 40° O. — 45° et l'autre S. 40° O. — 45°.

Le premier de ces plans s'accorde bien en direction avec la direction générale des roches au voisinage, tandis que l'autre supposerait une direction presque à angle droit avec celle-ci et différente de celles des roches qui ont été partout ailleurs observées.

On peut donc regarder N. 40° O, comme la direction exacte de l'inclinaison, d'autant plus que les ouvriers dans la carrière cherchant les meilleurs moyens d'extraire les plus grands blocs de pierre à bâtir, ont basé leurs calculs sur cette donnée. Les inclinaisons des mica-schistes et des gneiss les plus rapprochés sont environ S. E. et leurs pentes douces ; mais cette inclinaison N. O. se maintient suivant l'allongement de l'affleurement de la serpentine que l'on peut suivre par places isolées pendant plusieurs kilomètres, dans une direction E. N. E.

On doit donc admettre, ou que la serpentine repose en discordance sur le bord de la formation gneissique, ou qu'elle y est régulièrement intercalée, et a subi les mêmes plissements que ces roches gneissiques. L'anticlinal reconnu ici, n'est pour nous qu'une courbure locale qui n'affecte pas les couches à une

grande profondeur ; en effet immédiatement au Nord-Ouest de
la carrière, le gneiss reprend son inclinaison peu élevée vers
le S. E.

La seconde de ces hypothèses nous semble emprunter une
force additionnelle dans les phénomènes observés dans les grands
affleurements de serpentine de la partie nord du township de
Willistown, qui, quoique n'étant pas dans un horizon identique à celui des serpentines inférieures, est dans la même zone
générale de roches magnésiennes et n'en est pas séparé par une
très grande épaisseur de schistes interposés. La direction et
l'inclinaison de ces couches coïncident avec celles des roches
auxquelles elles sont associées.

De sorte qu'en résumé, il n'y a rien d'incompatible avec la
théorie déjà émise, que les serpentines ne sont que des modifications des phyllades et des chloritoschistes ; cette théorie a
l'avantage d'expliquer le plus grand nombre des faits.

L'apparence du massif des serpentines inférieures dans les
comtés de Chester et de Lancaster, peut aussi avoir donné lieu
à la croyance que son grand axe correspondait avec la
direction de ces couches et traversait ainsi la bande des
schistes. Ce serait une erreur. L'affleurement que nous voyons
est simplement la fin N. E. d'un grand massif de cette roche,
dont l'extension à l'est et à l'ouest ne correspond ici qu'à la
largeur de la zone magnésienne.

Les gneiss et syenites Laurentiens du Maryland butent
contre la serpentine au-delà de la limite de la Pennsylvanie ;
Cette roche forme une bande que l'on peut suivre à travers la
Susquehanna jusque dans le Maryland où (à quelques kilomètres du fleuve) est située sa carrière d'Ophiolite sus-
mentionnée.

Caractères lithologiques des couches Huroniennes.

Il résulte des descriptions détaillées qui précèdent que les couches Huroniennes sont ordinairement à l'état de micaschistes, et que les chlorito schistes, les serpentines et les ardoises de la bande sud-est avec les minéraux qui les accompagnent, les conglomérats schisteux l'orthofelsite et les roches épidotiques de la série du nord-ouest n'en sont que des modifieations diverses, des éléments accessoires. Les raisons qui nous font rapporter toutes ces roches à cette période, ne sont pas msiplement basées sur les analogies que les minéraux qui y sont contenus, offrent avec ceux qui ailleurs appartiennent à des couches incontestablement Huroniennes. Il y a d'autres preuves. D'abord ces formations ne peuvent être les représentants des phyllades et argiles schisteuses qui recouvrent le calcaire de Lancaster, parceque en ce qui concerne la bande du Sud-Est, l'anticlinal de Tocquan Creek ne s'explique que si ces roches, occupent la place la plus inférieure de la série. Cet anticlinal nous explique la structure géologique de cette contrée, car on constate en le suivant au N. E. qu'il est en partie recouvert par le quartzite "primal", avant de disparaître et de montrer les couches anticlinales inférieures de gneiss Laurentien, dans le comté de Chester.

Cela établit le fait que cette voûte est composée de matériaux plus récents que le Laurentien et plus anciens que les représentants du Silurien.

La coupe transversale de cet anticlinal ne jette pas moins de lumière sur la structure. La coupe de la Susquehanna prouve que dans un espace de 15 kilomètres correspondant à une énorme épaisseur de roches, on ne trouve aucun représentant du quartzite habituel ou des calcaires, et cette épaisseur elle-même empêche de supposer que les couches pourraient appartenir à une division supérieure de la série du Silurien inférieur. D'un autre côté le ridement du quartzite de Potsdam en trois ondulations successives de plus en plus élevées vers le Nord-Ouest et renfermant entre elles le calcaire de York, prouve que les schistes cristallins au S.-E font partie d'une série différente. Ils ne peuvent pas être les représentants du Primal ni de l'Auroral.

Notons la présence du calcaire dans ces couches Huroniennes car sans lui, leur ressemblance sous le rapport de leurs éléments lithologiques, serait incomplète.

Calcaire Huronien.

Il paraît y avoir des exemples isolés de calcaires intercalés dans les gneiss et les mica-schistes, un de ces exemples se rencontre dans le township de Honey-Brook, comté de Chester, et un autre se trouve sur la Brandywine à une courte distance de Chad's Ford. Dans ce dernier cas il est possible en réalité, que le gîte de calcaire appartienne au Laurentien, dont une des bandes étroites passe ici dans l'aire du Huronien. Les roches associées sont des gneiss amphiboliques, qui inclinent à découvert sur un grand espace, S 30° E-45°, et contiennent entre leurs couches un lit de calcaire épais de sept à huit décimètres. Il est bien évident que ce lit n'a aucune relation stratigraphique avec les calcaires de la Vallée de Chester.

On peut citer quantité d'autres exemples de calcaires intercalés parmi les chloritoschistes et les mica-schistes de Shrewsbury dans le comté d'York, où l'on rencontre à la fois des lits interstratifiés et des veines de carbonate de chaux, dans les roches cristallines. Mais le plus grand affleurement de calcaire paraissant n'avoir aucune relation avec l'Auroral, se trouve dans le comté de Chester, au voisinage de Doe Run, et s'étend de là au N-E jusque dans les environs de West Chester.

La présence de cette bande de calcaire a été d'abord très difficile à expliquer. Il est vrai qu'elle avait plutôt le caractère des calcaires saccharoïdes, légèrement colorés que celui de la roche bleue du Chester et du Lancaster ; mais il était difficile d'expliquer sa présence en la rattachant au calcaire de Chester, parce que le quartzite que tout le monde s'accorde à placer au dessous du calcaire se trouve ici évidemment au dessus. On s'étendra plus longuement ci-après sur ce calcaire de Doe Run.

Phyllades Huroniennes.

Il a été dit que les roches des deux côtés de l'étroite vallée de calcaire ont un caractère différent. Au Nord, ce sont exclusivement des quartzites de Valley Forge à Pomeroy, tandis qu'au Sud, ce sont des phyllades à damourite, des chlorito schistes et occasionnellement des mica-schistes de Eagle Station à Quarryville. Les inclinaisons des deux côtés sont généralement élevées, celles de South Valley Hill presque verticales jusqu'à une distance considérable du bord du calcaire, quoique montrant fréquemment des preuves de plis, même à une courte distance de ce dernier. Ainsi en suivant le Buck Run, des environs de Pomeroy à sa jonction avec Doe Run, on observe les inclinaisons suivantes pendant les trois premiers kilomètres, la roche étant du schiste chloritique et devenant plus micacée et moins chloritique vers le S. E. Ces inclinai-

sons sont : S. 3o° E-75", S 3o° E-73°, S 20° E-70°. Ici un
schiste arénacé avec peu de chlorite incline S 35° E-5o°.
Toute la distance jusqu'au banc de calcaire de Doe Run
est d'environ 6-4 kilomètres.

Il y a une lacune sur cette ligne, mais il est cependant
probable que cette inclinaison abrupte se continue jusqu'au
bord du calcaire. Celui-ci montre de grandes variations de
position, et est suivi au sud par un quartzite incliné S. 20° E,
mais à inclinaison plus faible que les roches qui interviennent
entre ce point et la vallée. Il semble donc recouvrir le calcaire,
et après quelques plis insignifiants être recouvert à son tour
par le banc de calcaire du sud, qui occupe par rapport à lui
une position semblable à celle du calcaire de la Vallée de
Chester relativement au quartzite primal.

On en conclut donc que le calcaire de Doe Run et la bande
étroite qui s'étend à l'est de sa partie septentrionale, représentent
un horizon différent et plus bas que celui du calcaire de
Chester et de Lancaster. En un mot que c'est un calcaire
Huronien.

L'importance de cette partie de notre district est maintenant manifeste.

Roches épidotiques

Les couches de la chaîne de la South Mountain offrent des
différences comme on devait s'y attendre avec celles des vallées
d'York et de Lancaster ; attendu que l'existence des chaînes
de montagnes donne à supposer une série de conditions
différentes agissant sur les anciens sédiments.

En l'absence d'une preuve visible de l'existence de filons, il
est plus naturel de supposer que les changements qui ont

produit les roches épidotiques ont été de la nature de ceux que Delesse a attribués à un métamorphisme lent, agissant sur des dépôts aqueux, et ayant pour résultat la production de roches d'apparence plutoniennes.

Néanmoins il y a des raisons de croire que des filons de roches éruptives, épidotiques, ne manquent pas dans ces montagnes, traversant en quelques cas les couches, et parfois en veines aux endroits où elles sont supposées avoir une origine épigénétique.

Orthofelsites et Schistes conglomérés.

Les orthofelsites ne doivent pas être considérées, comme ayant une origine ignée. Ces roches aussi bien que l'épaisse série à laquelle faute d'un meilleur nom, on a donné celui de conglomérats ou de schistes conglomérés, ont été en grande partie composées de masses de quartz existant antérieurement, mais dans des conditions très différentes. Tandis que les schistes montrent deux éléments constituants essentiels, une masse phylliteuse, onctueuse et molle, dans laquelle sont empâtées de petites masses de quartz amethystin, montrant rarement l'action arrondissante de l'eau ; les orthofelsites sont ordinairement composés d'une poussière extrêmement fine d'orthose à laquelle est mêlé en quantités variées du quartz réduit en très petits fragments : le tout forme ordinairement des gites peu épais, qui décomposés, donnent une argile blanche graveleuse.

Pour ce qui regarde le quartz des conglomérats schisteux, l'examen microscopique porte à croire qu'il est presque tout entier cristallin, d'origine ancienne ; on ne peut reconnaître la preuve de son frottement contre d'autres caillous, ni l'action qui a produit l'usure de ses angles.

Ces schistes sont remplacés dans certaines localités par un quartzite, auquel ils passent par la diminution graduelle de la matrice schisteuse et l'union plus intime des fragments de quartz. Suivant toutes les données de structure obtenues au moyen de nombreuses coupes à travers la South Mountain, il représente l'horizon inférieur exposé dans ces montagnes.

Il résulte de la description qui précède et de la coupe le long de la Susquehanna, que les chloritoschistes occupent la portion supérieure de la masse principale des mica-schistes Huroniens, quoiqu'on ne puisse les classer exclusivement dans aucun horizon.

Minerais qui accompagnent les couches Huroniennes de la South-Mountain.

On remarquera en jetant un coup-d'œil sur la carte, qu'une bande de roches composée de chloritoschistes altérés et d'orthofelsites mêlées d'épidote, de quartz et de serpentine (ou de son représentant le chrysotile altéré), descend sur le versant oriental de la South-Mountain, suivant une ligne généralement parallèle à la direction de l'axe de la montagne, large d'environ 8oo mètres et située entre les lignes extrêmes le long desquelles on trouve le cuivre. Il ne suit pas cependant de cette dernière circonstance que toute la masse entre ces lignes soit cuprifère. Une commission topographique du service géologique a travaillé six ans à la carte détaillée de cette région, sous ma direction. Quand cette carte sera finie, on pourra discuter sur l'origine et les relations de ce district, sur des bases plus solides.

Minerais de Cuivre huroniens

Cette série intéressante de minerais de cuivre se trouve à l'intérieur de la limite orientale de la South Mountain et s'étend des environs de Millerstown ou Fairfield (comté d'Adams), jusqu'à la limite du Maryland et au-delà. Cette bande de minerai se trouve dans l'orthofelsite, qui forme cette portion de la chaîne.

Ce massif d'orthofelsites cuprifères, n'a pas été suivi au nord-est, en affleurements continus, au-delà des mines qui se trouvent dans la chaîne intérieure de la South Mountaïn, et à environ 4 kilom. O. 3o° N. de la ville de Fairfield.

On suit à partir de là d'une façon continue et extrêmement bien marquée, ces couches cuprifères, dans toute la vallée, le long de la route de la montagne jusqu'au township d'Hamiltonban.

Ici la ligne rencontre une hauteur abrupte qui divise la vallée en deux branches; l'une, dirigée vers le Sud, forme le ravin conduisant au col qui relie Jack's Mountain à la chaîne principale. L'autre passe dans le comté de Franklin, et de là à travers son coin Sud-Est dans le Maryland.

Un peu au Sud du point de partage, et sur le côté Ouest du ravin le plus court, est un dépôt de cuivre. A environ un kilomètre Est Sud-Est et près le sommet du col sus-mentionné est une autre mine. A l'extrême coin Sud-Est de la ville on trouve des indications de cuivre sur plusieurs propriétés.

La longueur de l'affleurement dont il est question est d'environ 7.5 kilomètres et sa direction S. 3o° O.

On observe dans la plus élevée des localités visitées, une roche chloritique arénacée plongeant S. E. — 48°. La roche est profondément chargée de sels de cuivre et paraît varier de

caractère entre la serpentine et l'épidote, toutes deux
représentées ici.

Il y a aussi de nombreuses veines de quartz, au contact
desquelles avec la roche encaissante, se trouvent de petites
poches de beaux échantillons de cuivre natif. Quelques-uns
montrent de l'azurite et beaucoup de chrysocolle. A peu de
distance on rencontre la roche épidotique saturée de cuivre.

Le puits d'exploitation est sur le col élevé dont il a été
parlé, qui relie le contrefort à la chaîne principale. Beaucoup
de fragments de roches dispersés çà et là en cet endroit ont le
caractère épidotique ordinaire et d'autres un aspect différent, c'est-à-dire épidotique et arénacé avec des plaques
de quartz en forme de lame comme les pierres plates de labradorite de 0.8 cent. de long sur 0.6 cent. de large. Le quartz
transparent est abondant. Le caractère fondamental des roches
est ici chloritique et elles sont largement tachées de sels de
cuivre.

A une courte distance du haut fourneau de Maria, route
de Millerstown à Monterey-Springs, la « roche de Mountain-
Creek » ou conglomérat schisteux qui forme la masse de la
Montagne du Sud, près de la ligne du Maryland, fait place à un
schiste chloritique compacte d'un vert sombre, plus ou moins
bigarré de quartz blanc. On trouve ensuite de larges fragments
de porphyre orthofelsite bleu, bigarré de petites veines de quartz
laiteux et tâché par des sels de cuivre verts. Une autre excavation d'environ 4 mètres carrés et de 6 mètres de profondeur suit la pente de la roche. La paroi de cette mine est en
orthofelsite porphyroïde tâché de sels de cuivre (principalement
malachite) et incliné à l'E. 20° S. — 61°. Un plan de clivage
incline S. — 20° et un autre sur la paroi opposée, plus
abruptement, ou environ 88°. Le minerai de cuivre semble
descendre en suivant les joints. Le toit et le mur sont très
altérés, on voit au mur des taches vertes de cuivre, pendant

une distance considérable. La roche ressemble, à quelque distance, à de l'éklogite, dans certains endroits des salbandes.

L'inclinaison dans un affleurement à l'ouest et dans la direction du dépôt moyen est E. 15° S. — 52".

Aux côtés N.-O. et S.-E. du puits, la roche a un caractère arénacé quartzeux et contient des plaques de feldspath et d'épidote. Une fracture de jonction semble s'incliner S. 20° O. — 15°. Du côté S.-E. du puits, les couches d'une roche verte arénacée ayant l'apparence du porphyre, inclinent environ S. 45° E. — 45°.

Une autre mine est intéressante en raison de la magnétite qu'on y trouve. Dans la tranchée supérieure, une masse de phyllades argileuses vertes arénacées inclinent E. 20° S. — 40".

La couleur pourpre indique encore ici l'orthofelsite. Dans la galerie, il y a beaucoup de quartz laiteux et une petite masse intercalée de roche chloritique vert sombre. La boussole d'inclinaison prenait la position verticale, montrant ainsi qu'il peut y avoir ici beaucoup de magnétite sur la surface.

L'affleurement peut être suivi sur la colline dans une direction d'environ N. 20° E. Mais ces puits de recherches et ceux qui les avoisinent immédiatement sont les derniers dans cette direction de bande de minerais de cuivre.

A environ 30 mètres sud-est de la tranchée, on a creusé un puits de 6 mètres à peu près de profondeur, mais on n'en a retiré que des chloritochistes avec quartz, des roches épidotiques et de l'azurite avec divers silicates contenant plus ou moins de cuivre. Dans la galerie du tunnel de 6 mètres, l'orthofelsite chloritique arénacé incline S. 40° E. — 50°.

Examen du cuivre des autres mines.

Les analyses suivantes ont été faites par moi d'échantillons de minerai de cuivre provenant de la South Mountain, près de Monterey-Springs.

Les premières pièces essayées étaient trois morceaux choisis par les propriétaires de ces mines et envoyés comme lot d'échantillon. Ces trois morceaux furent broyés dans un mortier de fer et se trouvèrent contenir beaucoup de fragments de cuivre natif. Deux de ces pièces, après avoir été longtemps martelées, pour en séparer les plus grandes impuretés et pour les débarrasser du mélange de particules rocheuses autant qu'on pouvait l'observer à l'œil nu, pesaient respectivement 105 grammes et 55 grammes.

Un fragment du plus petit morceau a donné les résultats suivants :

	%
Cuivre natif.	97.547
Grains de quartz, de silicates.	1.285
Alumine et sesquioxide de fer.	0.332
Argent.	0.006
Cendres et substances indéterminées.	0.830
	100.000

Si cette quantité pour cent d'argent pouvait être considérée comme constante, chaque tonne anglaise de cuivre pur contiendrait 12 fr. 80 c. d'argent. La valeur de l'argent dans une tonne de *minerai* (¹) équivaudrait à 1 fr. 15 c. environ.

La matière siliceuse qu'on y trouve se composait sous la lentille de Stanhope de petits fragments de chrysocolle, d'une matière verte jaunâtre épidotique et de quartz pur.

(1) Une tonne de 2.240 livres anglaises pèse 1016.0475 kilogrammes.

Les autres échantillons de ce cuivre natif donnaient :

1. Cuivre natif.   93.19
2. Silicates insolubles.   7.67

On peut donc admettre que sans autre affinage que celui que donne le bocard, le cuivre natif contenu dans ce minerai atteindra la moyenne de 93 à 97 p. o/o et la manière siliceuse 3 à 6 p. o/o.

Des échantillons additionnels, pris par moi-même, ont d'abord été pesés, pulvérisés et passés par un tamis fin pour séparer les particules de cuivre natif de leur matrice. Il y avait 3.6. p. o/o de cuivre natif.

Le cuivre natif contient, d'après nos analyses, de 93 à 98 p. o/o de cuivre chimiquement pur. Les impuretés sont dues principalement au mélange mécanique de fragments siliceux qui n'en pouvaient être détachés par les simples moyens employés.

La roche, après la séparation de toutes les particules visibles de cuivre natif, a été ensuite analysée et a fourni les résultats suivants :

	o/o	o/o	
Présent comme cuivre natif.	3.6 cuivre pur 3.34 à 3.52		
Matrice séparée.	1	2	3
Matière siliceuse insoluble.	83.770	83.40	
Alumine et fer sesquioxide.	6.320		
Chaux.	1.570		
Magnésie.	0.150		
Soufre.	0.250		
Plomb.	0.150		
Cuivre (en combinaison).	4.700	4.69	4.35
Cendres.	0.650		
Oxygène, substances indéterminées et perte.	2.440		
	100.000		

Les chiffres 1, 2, 3 en tête des colonnes verticales se rapportent à différentes déterminations du même lot d'échantillons.

Les minerais du Lac Supérieur ne sont pas complètement identiques avec ceux de cette région de la South Mountain que nous venons de décrire, mais il y a quelques ressemblances qui ne doivent pas être purement accidentelles. Dans toute la chaîne de la South Mountain (considérée dans son ensemble) de la route de Chambersburg à la limite du Maryland, nous avons une étendue superficielle de forme trapézoïde, dont le long côté coïncide avec la route sus-mentionnée, et le plus petit côté avec la frontière de l'état.

Les roches de cette région peuvent être divisées en deux grandes séries ; l'une occidentale, dont les roches caractéristiques se composent de quartzite et d'un schiste nacré contenant des fragments de quartz (nous l'avons appelée provisoirement roche de Mountain-Creek) ; l'autre orientale, formée de phyllades à damourite et de chloritoschistes, ainsi que d'orthofelsite, tant porphyroïde que non porphyroïde. Ces deux séries montrent des indications qu'elles ont été pénétrées par des filons de caractère plutonique en certains endroits. L'orthofelsite porphyroïde qui est chargée de minerai de cuivre, ne montre aucun caractère d'origine ignée ; mais se rencontre en couches grossières peu épaisses, plus ou moins désagrégées et dans certaines localités, presque réduites à l'état de kaolin. Rien qui puisse porter le nom de grès n'a été observé, quoique tous les sédiments en question soient remplis de gravier et de particules arénacées. On n'y a reconnu aucune espèce de fossiles, si ce n'est le *Scolithus linearis* qui se rencontre sur le flanc nord-ouest des montagnes dans les quartzites qui forment les parois environnantes de quelques-uns des ravins et des vallées les plus occidentales, mais dans une position qui n'exclut pas la possibilité de les rattacher à la couche de grès de Potsdam, plus ou moins dégradée et dénudée, dont quelques fragments restent on le sait, sur les flancs de ces montagnes. Toute la bande formée par ces deux séries se rétrécit rapidement de sorte que sa largeur qui est de 13 kilomètres sur le côté septentrional du trapézoïde n'est plus que de 3.2 kilomètres sur le côté méridional. Il paraît y avoir de nombreux horizons de schistes cristallins des deux côtés intercalés entre les orthofelsites et même les quartzites, quoique moins fréquemment.

Il paraît raisonnable cependant de conclure que la région des roches cuprifères, appartient au cycle huronien, comme les porphyres semblables dans le Missouri et sur les Lacs Supérieur et Huron.

On fera observer qu'ici dans le comté d'Adams, et à quelques kilomètres les uns des autres, on rencontre de maigres représentants, il est vrai, mais cependant des représentants, des deux grandes régions à cuivre de l'Amérique : l'une (') dans les couches Mésozoïques, l'autre dans les felsites Huroniens.

Nous devons signaler ici un point qui n'est pas encore entièrement éclairci. Les deux formations, en effet, dont on obtient principalement le cuivre, se trouvent dans des roches qui sont en général pénétrées par des filons de différents âges et de caractères variés.

Il ne peut pas toujours arriver, comme le suggère le professeur Dana, relativement à la grande région cuprifère de Keweenaw-Point dans le Michigan, que « partout où le basalte est arrivé à l'état de fusion, le cuivre ait été amené avec lui, provenant sans doute de roches archéennes

---

(1) Il vaut la peine de mentionner ici un bruit propagé par les habitants, que du minerai de cuivre a été trouvé dans une crête d'orthofelsite, sur le côté occidental des montagnes, entre le haut-fonrneau de Calédonia et la source de même nom. Il est assez probable que sous le grès de Postdam (si les lambeaux de roches arénacées peuvent être attribués à cette époque), et au-dessus de la roche de Mountain Creek, cet orthofelsite affleure à l'Ouest comme il le fait à l'Est de la chaîne de la South Mountain, et amène avec lui ce minéral avec son cortège habituel.

inférieures à travers lesquelles le basalte liquide a passé pendant son ascension. » En effet, on sait que le cuivre se rencontre en veines irrégulières, tant dans le basalte que dans le grès, près de leur jonction, ce qui donne une origine postérieure au cuivre, même si les faits de la rencontre du cuivre dans d'autres localités n'était pas en faveur de cette opinion. Nous faisons cette remarque en respectant les opinions qui précèdent, car on peut à peine se dépouiller de la notion qu'il y a un rapport intime, paternel ou fraternel, entre les basaltes et le cuivre, quand on remarque que les roches dans lesquelles l'un et l'autre abondent, sont les mêmes. Mais il ne s'ensuit pas, ni en théorie ni en fait, que le cuivre se rencontre toujours dans le basalte ou près de lui. Au contraire, une partie du dépôt de cuivre Mésozoïque dont il a été question dans le comté d'Adams, se trouve sur le côté oriental de la bande rouge, c'est-à-dire où les affleurements de dolérite sont le moins fréquents.

Le minerai Huronien se trouve de plus dans une partie de la montagne, où jusqu'à présent on n'a remarqué aucune perturbation résultant d'une intervention ignée, à moins qu'on ne veuille en voir une dans la présence des roches épidotiques.

Toutefois on doit admettre d'une manière générale que ces séries sont traversées par diverses masses éruptives dont les racines peuvent s'étendre à l'horizon d'où vient le cuivre.

Ardoises de Peach Bottom (¹).

La bande étroite de phyllades indiquée dans la carte ci-jointe par des lignes sombres, ne s'étend qu'à une courte distance de la Susquehanna, dans le comté de Lancaster, mais traverse le coin S. E. du comté d'York et pénètre jusque dans le Maryland.

Si les raisons données pour considérer les chloritoschistes comme des dépôts synchroniques des micaschites, mais à composition chimique un peu différente, sont convaincantes ; celles qui attribuent les ardoises à une modification semblable dans la série des chloritoschistes, le sont bien plus encore. Comme on le verra dans la coupe qui traverse cette bande, il n'y a pas de séparation structurale possible entre ces ardoises et les chloritoschistes adjacents. Il y a un changement insensible de couleur et de constitution, des schistes verts chloritiques, aux phyllades d'un noir pourpre sombre de Peach Bottom ; et ce changement semble provenir en partie d'une petite quantité de charbon qui, dans une analyse faite pour l'auteur, s'est trouvée atteindre 1,794 °/₀.

Les veines d'ardoises, qui ont une valeur mercantile pour la couverture des maisons, ont rarement plus d'un mètre ou environ de largeur, mais on ouvre habituellement des carrières de trente à quarante mètres à travers les phyllades dans lesquelles se trouvent plusieurs de ces bandes. Il faut l'œil exercé

---

(1) A strictement parler, « Peach Bottom » est le nom d'un township dans le comté d'York, qui touche au fleuve et au Maryland, et où se trouve un grand développement d'ardoises ; mais le terme est employé ici comme il l'est très souvent par les habitants, pour désigner les terrains d'ardoises des deux côtés de la rivière.

d'un mineur d'ardoises expérimenté pour distinguer les variétés marchandes de celles qui ne le sont pas.

Le cas n'est pas différent, si l'on suit les mêmes couches dans leur direction. Elles perdent insensiblement leur couleur sombre et la dureté qui leur donne de la valeur et quoique le même banc continue ce n'est plus un banc d'ardoises.

L'analyse des chloritoschistes et des ardoises, qui a été entreprise pour découvrir leur composition, n'a eu pour résultat que de reconnaître la présence du graphite parmi des éléments constituants de ces dernières.

Ces ardoises de Peach Bottom ne sont pas aussi lisses ni aussi noires que celles de Slatington et de Chapman dans la Pennsylvanie du Nord. Leur grain est fin, mais leur surface est sujette à se couvrir de petites bosses et de bulles. Elles sont unies et onctueuses au toucher et se coupent à la cisaille comme du carton raide. Cette mollesse permet au couvreur d'y planter des clous sans danger de les fendre ou de les briser. Au soleil elles réfléchissent une teinte rosée, mais vues à la lumière diffuse elles sont d'un pourpre noir. Elles résistent à l'action désintégrante de la gelée, de la pluie et du soleil d'une manière très satisfaisante, quoique la série des chloritoschistes dont elles ne sont qu'une modification, soit extraordinairement sensible à ces forces destructives.

Le succès dans l'exploitation de ces ardoises, dépend d'une autre particularité, sans laquelle l'industrie ne serait pas lucrative. Cette particularité est le système de jonction des joints qui traversent les plans de stratification presque verticaux des ardoises, et qui dans les circonstances les plus favorables, plongent à des angles variant de 3o° à 5o° S. O. Les meilleures conditions pour l'exploitation sont réalisés, quand ces plans de jonction sont environ à un mètre l'un de l'autre, mais quand il y a plusieurs systèmes de ces différents plans de jonction, la perte provenant de cette

cause est très grande. Quelques-unes des carrières ont
60 mètres de profondeur et elles varient de 20 à 30 mètres de
largeur.

Le phénomène étudié et expliqué avec tant de soin par
Von Beust en ce qui regarde la distribution des richesses
minérales en zônes qui coupent les plans sédimentaires aussi
bien que les veines, semble trouver ici un nouvel exemple dans
ces ardoises.

Il arrive parfois que les masses d'ardoise se pour-
suivent obliquement à la stratification et à la schistosité ; les
veines d'ardoise marchande intercalées entre les mêmes parois
perdent entièrement alors leur valeur dans la profondeur. Il y
a un autre phénomène analogue : l'ardoise marchande se
trouvant pendant une certaine distance entre les mêmes parois
verticales, ne se prolonge pas jusqu'à la surface, étant arrêtée
par un plan de clivage. Les conséquences de ce mode de
gisement et la méthode d'exploitation qu'il nécessite, sont
fréquemment la cause d'accidents désastreux dans les carrières.

Les carrières rémunèrent à peine le travail qu'on y con-
sacre lorsqu'elles ont une profondeur qui dépasse 60 mètres,
le danger et les frais augmentent très rapidement pour hisser
les blocs. Une autre source de difficulté est l'écoulement des
énormes monceaux d'ardoises de rebut qui s'accumulent dans
le voisinage des carrières. Au moins 88 °/₀ du produit d'une
carrière d'un certain âge est entièrement impropre à l'usage et
le maniement de ces masses informes et sans valeur est à la fois
difficile et coûteux (¹). Une très petite portion des restes détachés
de la meilleure ardoise a été réduite en poudre par le broyage
et utilisée comme matériel de peinture ardoisine et de ciment.

Les bandes d'ardoises s'étendent jusque dans le Maryland,
où quelques-unes des carrières les plus riches sont situées.

(1) Cette estimation doit être admise avec précaution vu qu'elle ne se base pas sur
les données de la statistique.

Coupe à travers la South Mountain.

Les relations entre les différents termes de la série des roches Huroniennes de la South Montain, sont bien exposées par la coupe suivante longue de 15 kilomètres qui s'étend de la « Grande Vallée » ou Vallée de Cumberland « (aussi appelée « Vallée de Virginie » dans son prolongement méridional), à quelques kilomètres S. E. de la ville de Carlisle, à travers la chaîne de la South Mountain, jusqu'à Bendersville sur le bord des couches Mésozoïques.

Les premiers affleurements visibles sont dans une carrière de calcaire à environ 400 mètres au Nord-Ouest de la rivière de Yellow Breeches, ils forment un escarpement peu élevé parallèle à la vallée.

Une inclinaison de E. 40° S. — 50° est suivie d'un autre affleurement de la même roche à une distance de 45 mètres avec une inclinaison de N. 20° O. — 25°. L'un de ces plans peut être celui de clivage, et comme les 4 kilomètres suivants de la coupe sont en pays plat, recouvert à plusieurs centaines de pieds de profondeur peut-être, par les débris des roches de la montagne, il n'y a aucun moyen de fixer ce point.

A 457 mètres du point de départ, le terrain s'élève au dessus du niveau de la rivière jusqu'à 4358 mètres du point initial où un affleurement de quarzite se trouve avoir une inclinaison de S. = 40°.

Dans la description de cette coupe, on a cru devoir condenser les observations détaillées sous forme de tableau et ajouter quelques mots sur les points qui présentent le plus d'intérêt.

INCLINAISON	NATURE DE LA ROCHE	Distance du point de départ. MÈTRE
E. 40° S. — 50°	Calcaire	0
N. 20° O. — 25°	Calcaire	46
	Rivière de Yellow Breeches	460
	Lacune d'environ 4 kilomètres	
S. 40°	Quartzite	4358
S. 20° O. — 75°	»	4694
S. 45° E. — 30°	»	5090
	Fragments de schiste	
E. 40° S. — 20°	Schiste congloméré à fragments de quartz	5425
E. 40° S. — 20°	Schiste chloritique	5547
E. 30° S. — 30°	» »	5593
S. 45° E. — 35°	» congloméré	5760
S. 30° E. — 25°	» cristallin	5837
S. 30° E. — 35°	» cristallin quartzeux, avec schiste congloméré	5882
E. 40° S. — 30°	Schiste quartzeux congloméré	5943
S. 25° E. — 45°	» » »	6004
	On n'a trouvé aucun affleurement pour les 579 mètres suivants :	
	Schiste quartzeux congloméré	6584
	Fragments de schiste et de quartz laiteux.	6736

A l'observation suivante les phyllades prennent plutôt le caractère des phyllades talcqueuses et semblent appartenir au côté (N.O.) plus abrupte d'un anticlinal de dimensions pas exactement connues

S. 30° E. — 80°	Schistes	6248
E. 40° S. — 45°	» nuancés de rouge et de bleu	
	Sol sablonneux, pas de fragments	6279
O. 20° N. — 25°	Schiste	7071
	Fragments d'orthofelsite, de quartz laiteux et de phyllades talqueuses	7345
E. 40° S. — 40°	Phyllades à damourite	7376
S. 15° E. — 35°	Schiste cristallin	7742
	Haut-fourneau de Pine grove	7864
	Fragments de schiste quartzeux chloritique. Chemin de fer de Mountain Creek et South Mountain	8184
	Petit banc de minerai sur le flanc de la montagne	8366
N.-O. (?)	Banc de minerai de « Thomas » Iron Co.	8473
S. 30° E. — 40°	Carrière de calcaire	8595
	Fragments de quartzite	9753
	Fragments de quartzite	
	Le schiste se transforme graduellement entre 9144 et 9784 mètres en fragments de quartzite pulvérulent.	
S. — 25°	Quartz schisteux congloméré	10058
S. 20° E. — 40°	Schiste vert avec des cailloux de quartz	10210
S. 30° E. — 40°	Phyllades à damourite	10271
	» »	10286
	» » avec cailloux	10302
S. 45° E. — 45°	» » »	10317
S. 30° E. — 45°	» » »	10963
	Les six affleurements compris dans une accolade sont des schistes	

de nuances et de consistance diverses contenant des cailloux de quartz
de la variété améthystine jusqu'à
la variété transparente.

	Fragments de quartz congloméré	10546
	Fragments d'orthofelsite devenant de plus en plus fréquents	10668
E. 40° S. — 70°	Orthofelsite et mélange de schistes	11339
	Fragments de quartz laiteux, d'orthofelsite et au-dessus de phyllades à damourite	11552
	Contact d'orthofelsite et de schistes. Fragments d'orthofelsite, de quartz laiteux et un peu de diabase	11643
	Orthofelsite	11887
E. 40° S. — 40°	Mélange de chloritoschistes, de schistes et d'orthofelsite	11948
S. 25° E. — 30°	Orthofelsite porphyroïde	12039
S. 45° E. — 30°	Fragments d'orthofelsite, de schistes et quartz laiteux	12192
	Schiste et orthofelsite	12434
S. 10° E. — 40°	Fragments d'orthofelsite et de chloritoschistes.	12802
	Occasionnellement de diabase	13289
E. 35° S. — 30°	Schistes verts cryptocristallins	13533
	Fragments d'orthofelsite et de quartz laiteux	13350
N. 25° O. — 50°	Schiste, cryptocristallin et orthofelsite	15118
N. 25° O. — 40°	Orthofelsite bleu schisteux	15264

Avec les roches mentionnées
dans les deux dernières notes se
trouve aussi occasionnellement de
la diabase et du quartz laiteux.

Cette coupe présente quelques traits intéressants qui servent à corroborer la structure de la South Montain telle qu'elle a été déduite d'autres coupes. Entre le premier affleurement de calcaire distinctement marqué et le point des roches de la South Mountain dont nous donnons l'inclinaison, on ne trouve pas d'affleurement.

En omettant les 4 kilomètres qui séparent ces deux affleurements, on reconnaît au-delà un synclinal renversé d'environ 3o5 mètres de large. Son axe comme celui du synclinal qui suit, sont séparés par environ 1462 mètres, essentiellement formés par les couches successives qui font partie de l'aile Sud-Est de l'anticlinal.

On ignore jusqu'à quel point l'inclinaison suivante de S. 3o° E. — 8o° peut avoir d'influence sur les couches, mais il est clair que cette inclinaison se trouve très près de l'axe de l'anticlinal auquel elle appartient, car à cent pas environ loin de là se trouve une inclinaison de E. 4o° S. — 45°.

A celle-ci succède une inclinaison très douce, au Nord-Ouest, c'est-à-dire N. 2o° O. — 26°, qui est de nouveau suivie par une autre de E. 4o° S. — 4o°.

Entre l'inclinaison élevée de S. 3o° E. — 8o° et celle de E. 4o° S. — 4o° il y a à peu près un kilomètre, et le synclinal qui se trouve compris dans cet espace est sans doute une partie du pli anticlinal qui s'estaffaissé. A un kilomètre environ plus loin le long de cette ligne, est une autre inclinaison Nord-Ouest peu prononcée, qui cependant en raison de la décomposition à laquelle toutes ces roches ont été soumises, est quelque peu douteuse ; elle ne diminuerait que très peu, si elle existe, l'épaisseur de ces couches.

A une courte distance de ce point incliné Nord-Ouest se trouve le calcaire Auroral (?) des carrières de Thomas Iron C°, près de Pine Grove, avec une inclinaison de S. 3o° E. — 4o°. On ne peut fixer ici la question de la concordance ou de la discordan:e de ce calcaire. Il n'y a pas de couches en place, mais seulement des fragments détachés de quarzite ; nous le considérons comme un affleurement isolé qui sépare la série du Nord-Ouest de celle du Sud-Est.

Les variétés de roches qu'on a rencontré jusqu'ici, sont plus ou moins alliées aux schistes quartzeux conglomérés, ou aux quartzophyllades, dont on a parlé ailleurs comme des roches de « Mountain Creek. »

En ce point un changement graduel commence, on arrive insensiblement sur l'Orthofelsite et ses nombreuses modifications, qui succèdent à ce conglomérat et persistent jusqu'à la fin de la coupe.

Le quarzophyllade au Nord de cette ligne, paraît se trouver au-dessous du groupe d'Orthofelsite ci-dessus mentionné au Sud-Est. Il semble former deux plis, l'un synclinal, l'autre anticlinal, chacun ayant une étendue d'environ 244 mètres, et le dernier étant suivi d'un synclinal large et doucement déployé qui occupe les derniers 32 kilomètres de cette coupe.

Il résulte de cette coupe que la grande chaîne de la South Mountain est essentiellement composée de deux groupes de roches, dont l'inférieur (c'est-à-dire suivant cette ligne celui du Nord-Ouest) se compose de différentes modifications du conglomérat quartzeux dont il vient d'être parlé, et dans lequel le quartzite se rencontre sous différentes formes. Le groupe supérieur, ou celui du Sud-Est, a un caractère felsitique, mais contient aussi de larges couches de phyllades à damourite, et de chloritoschistes, entrecoupées par des veines de quartz laiteux ; l'orthofelsite lui-même présente toutes les variétés de formes, depuis une roche arénacée schisteuse et terreuse, dans laquelle les cristaux d'Orthose sont très décomposés, et en réalité se résolvent quelquefois en argile, par la variété jaspée, jusqu'à la structure porphyritique massive et grossière qui la rend propre à être employée comme pierre d'ornementation dans les constructions.

Cette coupe se termine à environ 2 kilomètres et demi au Nord-Ouest du bord du grès Mésozoïque, qui coupe la route de Bendersville à Gettysburg à environ 1,6 kilomètre de la première de ces villes.

Quartzite *(silurien inférieur)*.

Au-dessus des couches huroniennes et au-dessous du grand étage calcaire se trouve une roche dure, connue sous le nom de quartzite de Postdam ou Primal.

Rogers a divisé cette formation en trois assisses, savoir : une série inférieure de phyllades (partie supérieure ou chloritique, des chloritoschistes de ce mémoire) ; une série moyenne ou Quartzite de Chikis; et une série supérieure de phyllades (celles dont il a été question ici comme la portion inférieure du calcaire Auroral).

Rogers estime que la première série de phyllades, ou série inférieure a 609 mètres, d'épaisseur; le quartzite proprement dit 27 mètres et les phyllades supérieures de 60 à 300 mètres (¹).

Très probablement on trouve toujours associés au quarzzite, des gîtes de phyllades à damourite, contenant de la chlorite, comme on le verra dans le texte et dans la coupe à travers la chaîne de Chikis ; mais ces phyllades ne sont constantes nulle part et elles ne se rencontrent pas en quantité suffisante pour former partie intégrante de cet étage du

---

(1) Son frère, M. W. B. Rogers, attribue à cette formation en Virginie, une épaisseur de 366 mètres pour les phyllades inférieures, 91 mètres pour le grès, et 23 mètres pour les ardoises supérieures.

Il y a sous le Potsdam une série connue sous le nom d'Acadienne, qui affleure dans le New Brunswick et qui est le vrai commencement du silurien inférieur ou de la période primordiale de Dana; mais elle n'est pas représentée dans le district qui fait l'objet de ce Mémoire.

quartzite. S'il faut classer en effet avec le quartzite les 600 mètres de phyllades qui sont immédiatement au-dessous de lui, il n'y a aucune raison pour que toute la série des phyllades à damourite ne soit pas classée de même, puisqu'on n'observe aucune interruption dans la stratification des plus anciennes couches aux plus nouvelles. Bien plus, si la série des phyllades est considérée comme appartenant au quartzite, il ne semble pas y avoir de raison suffisante pour qu'on n'y comprenne pas aussi le calcaire des époques « calcifères » et « Chazy » puisque on n'a pu établir aucune discordance qui justifie la division faite par les géologues.

On ne peut voir les relations du quartzite avec les couches voisines sur les bords de la Susquehanna. Il y a des cassures à chaque extrémité de cette formation sur la rive gauche, qui indiquent une région troublée entre les affleurements ; sur la rive droite il paraît y avoir peu de changements de couches entre le quartzite inférieur et le calcaire le plus élevé.

Ce quartzite est l'horizon fossilifère inférieur de ce district, et sous ce rapport aussi bien qu'en raison de son caractère lithologique, qui en fait un excellent repère, on lui a assigné une place distincte, c'est-à-dire qu'on l'a placé à la base de la série Paléozoïque en Pennsylvanie.

Les variétés diverses sous lesquelles il se rencontre, sont très embarrassantes ; mais cela ne suffit pas à justifier la présomption de certains géologues, pour qui cette formation se change tour à tour en toutes les variétés de roches observées dans ce district, depuis les schistes micacés tendres jusqu'au grés le plus dur.

Il est bon peut-être de faire ici un exposé rapide et général des variétés que présente le Quartzite Primal qui se rencontre sous sa forme la plus typique à Chikis, où son seul fossile (le *Scolithus linearis)* a été reconnu et nommé par le

savant et célèbre Samuel Haldeman, qui habitait au pied de
ces collines, et dont la mort récente est une grande perte pour
les sciences naturelles. La description de ces formes com-
mencera par l'affleurement sur la rive gauche de la Susquehanna.

Limites du quarzite de Chikis.

Il n'y a que deux localités où le quartzite de Chikis
semble être représenté de telle sorte qu'on ne puisse s'y
méprendre. L'un de ces endroits est Chikis même ; l'autre se
trouve en un point situé à 2.4 kilomètres environ au nord de
la limite du Maryland, sur la Susquehanna, où se trouvènt
deux bandes étroites de quarzite (').

Il y a, en outre, le long des « North Valley Hills », ainsi que
le long du « Gap Range » et de la « Welsh Mountain », des
localités où l'on trouve le quartzite ; mais il y a un certain
doute sur la contemporanéité de ces affleurements avec la
roche de Chikis, les roches en place étant peu nombreuses.

Les limites approximatives de la série de Chikis dans le
comté de Lancaster ont été données sur la carte coloriée.
Il n'est pas facile de tracer la limite exacte, vu la grande
désagrégation que les roches ont subies ; mais en s'aidant des
contours topographiques des collines, on peut considérer ce
qui précède comme l'expression assez approchée de la vérité.

Les quartzites du bord de la rivière et près de Williamson's
Point ont une très petite étendue ; on en trouvera la description dans la coupe de la Susquehanna.

Un petit lambeau isolé, marqué « Primal », dans la
première carte géologique se trouve exactement au Sud de

---

(1) Voir les remarques relatives au contact du grès au Sud, avec les ardoises.

Neffsville, township de Manheim, et dans la même direction que le grand affleurement de Chikis, ou à peu près. Ce lambeau auquel il sera fait allusion dans la section du calcaire de Lancaster, consiste principalement en schistes à damourite, et se trouve (avec des relations incertaines) entre le quartzite et le calcaire.

Le grès primal occupe toujours un espace restreint, si on le compare aux formations des autres grandes divisions.

Il ne se trouve en grande masses que sur le versant Nord des collines, de composition variée, connues sous le nom de « Chikis ». Les quartzites et quarzophyllades qui en font partie ne s'étendent pas sur plus de 100 mètres, depuis le premier grand escarpement jusqu'au point où le caractère du quartzite parait s'effacer pour faire place à celui des schistes à damourite avec chlorite dont on a tant parlé. Sur ce parcours, il n'y a pas moins de deux petits synclinaux, de deux plis anticlinaux, et l'aile Sud d'un grand anticlinal, formant tous ensemble un grand anticlinal et demi, dont le premier s'est effondré. L'épaisseur réelle du quarzite au-dessus du niveau de l'eau ne dépasse guère 100 mètres.

Les schistes qui surmontent ces roches plissées vers le Sud, et qui forment l'horizon ferrifère de *Chestnut Hill* ont été regardés comme la partie supérieure du « Primal » « Phyllades primaires supérieures » ou comme les couches inférieures de la série du calcaire.

C'est en tous cas, dans ces phyllades que l'on trouve presque invariablement les minerais de fer de Lancaster et d'York ; elles constituent la série de transition entre le « Primal » et « l'Auroral ».

On trouve quelquefois le quarzite en fragments, le long du flanc septentrional des « *Welsh Mountains* », le long du versant septentrional de (« *North Valley-Hill* »), et dans l'aire comprise entre les bassins du calcaire, connue sous le nom de

district de Georgetown. Néanmoins en ces points, il est rarement
en place, et on ne le rencontre qu'en blocs isolés. Il y
a deux localités où il semble être en place, mais leur
étendue est limitée. L'une d'elles se trouve sur le bord gauche
de la Susquehanna, à 2.5 kilomètres au Nord de la ligne
du Maryland.

Dans un de ces affleurements, le quartzite est disposé
en voûte anticlinale renversée, fortement plissée, curieuse
en ce qu'elle présente, avec une composition homogène, le
rare exemple d'une couche recourbée sur une étendue de
quelques mètres, en deux ailes parfaitement parallèles. En
outre, il semble qu'il y ait des bancs verticaux de ce quartzite,
près de la même localité ; leur hauteur n'est guère inférieure à
celle des roches de Chikis elles-mêmes.

Le quartzite de Chikis a été colorié pour indiquer le
« Primal » comme dans la première carte géologique ; mais
nous avons distingué ici la plupart des couches ci-dessus pour
montrer qu'elles possèdent différents caractères lithologiques.

Un petit lambeau de phyllades à damourite dans la
plus méridionale des deux collines immédiatement au Sud de
Neffsville, est attribué aux phyllades supérieures au quartzite,
plutôt qu'aux phyllades inférieures de la série du calcaire, en
raison de la grande quantité de fragments de quartz mélangés
avec ces phyllades à damourite : les veines et filons de quartz
augmentent généralement en raison de l'âge de ces formations.
Cependant la cassure rhomboïdale de ces feuillets tendrait
plutôt à les rapporter aux membres inférieurs du calcaire
« N°. 2 » ou du calcaire « Auroral » (de Lancaster).

Le seul fait qui semble certain relativement à cet affleurement, c'est que ces roches appartiennent à un horizon plus
ancien que celui du calcaire, qui leur est ici immédiatement
sous-jacent.

On peut suivre le quarzite de la roche de Chikis jusque

dans le fleuve et à travers le fleuve, dans le lit duquel
elle détermine d'innombrables remous ; elle forme une partie
de la longue rangée de hauteurs située du côté du comté
d'York, où le quartzite donne son nom à une grande
épaisseur de couches hétérogènes au Sud de la crique de Chikiswalunga.

Quartzite dans le comté d'York.

Cette formation est principalement représentée par les
roches de Chikis, qui se trouvent sur la rive droite de la
Susquehanna, couvrant une grande surface triangulaire entre
la ville d'York et le village de Wrightsville. Ce massif constitue
de beaucoup la plus grande partie de la bande de Chikis, et la
succession des couches qui l'entourent est parfaitement régulière. Un banc de phyllades à damourite longe l'anticlinal,
décrivant la courbe représentée sur la carte.

L'attention de l'observateur, qui considère un instant la
carte, sera immédiatement fixée par le fait que si on tire une
ligne à l'est de l'extrémité orientale de la roche de Chikis dans
le comté de Lancaster, cette ligne coïncidera presque exactement avec l'axe de l'anticlinal de quartzite qui s'étend à
travers la frontière des comtés de Chester et de Lancaster,
près de Cambridge et forme la masse principale de la Welsh
Mountain. Il n'y a pas de raison de douter que le long de
cette ligne, il n'existe un axe anticlinal déprimé entre ces points,
et couvert par la série du calcaire. Mais au point de vue
structural ces deux affleurements de quartzite sont reliés ensemble au-dessous du calcaire, et le prolongement du même
anticlinal doit ramener plus loin ce même quartzite([1]) à
l'ouest des roches Mésozoïques.

---

[1] Je ferai observer que si l'existence d'une faille le long de la Susquehanna était
admise, cela n'impliquerait pas nécessairement une rupture violente de toutes les
couches, mais plutôt un simple déplacement de la limite des couches, tel qu'on les
observe dans cette partie du pays.

Un autre faîte de quartzite, qui est moins proéminent et pas toujours distinctement marqué, se rencontre au Sud de Wrightsville.

Son affleurement, dans la chaîne de collines de Creitz Creek, près de cette rivière, montre qu'il est replié sur lui-même et forme le sommet d'un autre anticlinal, dont les ailes difficilement reconnaissables divergent à quelque distance vers le S.-O., où leur trace disparaît complètement. En théorie, il devrait donc y avoir aussi une ligne mince de quartzite au Sud du calcaire de Cabin Branch Run, qui traverse le fleuve près de Washington, dans le comté de Lancaster. Mais il m'a été impossible de constater l'existence de ce quartzite.

Ce pli synclinal devait nous montrer le quartzite sur ses deux ailes, comme dans le bassin synclinal d'York; on ne l'observe que d'un seul côté, ce qu'il y a lieu de chercher à expliquer. On peut d'abord supposer qu'une petite ligne de fissures parallèles à celles de la Vallée de Chester a été la cause du soulèvement des couches au Sud, et qu'elle a déterminé l'enlèvement du quartzite par dénudation (¹). Une seconde explication est que le quartzite a pu disparaître dans cette direction avant que le calcaire ait été déposé dans cet endroit. La troisième est un corollaire de la seconde. C'est qu'ici le calcaire, comme en beaucoup d'endroits, peut avoir été déposé transgressivement sur plusieurs formations d'âges différents.

Il est intéressant d'observer l'accroissement d'épaisseur de cette formation à chaque affleurement successif de quartzite, à mesure qu'on s'avance vers le N.-O. — D'abord, il y a un affleurement très mince, formant les collines de Creitz Creek, et traversant sans doute ensuite le fleuve dans une direction N.-E, puis existant en affleurements isolés, pendant 32 kilo-

---

(1) Il faut admettre ici qu'aucune trace de cette fissure n'est visible aujourd'hui.

mètres ou dans toute l'étendue du comté d'York.

L'affleurement suivant forme la chaîne de collines connues sous le nom de Chikis, dans laquelle on trouve la riche mine de fer de Chestnut Hill et plusieurs autres.

Comme on l'a fait remarquer plus haut, s'il était possible de suivre ces zônes sous les roches Mésozoïques et le calcaire qui les recouvrent, on trouverait sans doute qu'elles se relient avec le Primal qui a autrefois couvert la South Mountain.

Enfin, encore plus loin au N. O., cet étage est représenté à la surface de la South Mountain elle-même, dont le versant oriental porte encore des débris assez nombreux de quartzite pour attester son existence antérieure en ce point.

Dans tous les cas qui viennent d'être cités (y compris les blocs et les fragments qui couvrent les Pigeon Hills sur la frontière des comtés d'Adams et d'York), la roche est un quartzite compacte à grains très fins, formant généralement des masses épaisses à clivages bien marqués, qui souvent rendent difficile de reconnaître son inclinaison, par suite de la confusion résultant de ses nombreuses surfaces planes. Sa couleur dominante est couleur de chair ou jaune de vin, mais elle est quelquefois d'un très beau blanc.

Une analyse de la roche prise à Chikis, dans le comté de Lancaster, a montré qu'elle contenait :

Oxide silicique	$(Si\ O_2)$	97.10
Oxide ferrique	$(Fe^2\ O_3)$	1.25
Alumine	$(Al^2\ O_3)$	1.39
Chaux	$(Ca\ O)$	0.18
Magnésie	$(Mg\ O)$	0.13
		100.05

La matière qui forme cette roche, provient peut-être en partie des nombreuses veines de quartz qui traversent partout les schistes sous-jacents.

Un échantillon compacte dans lequel on observait quelques petit cristaux de magnétite, montrait des grains tellement cimentés ensemble, que même sous un puissant microscope, les lignes de séparation ne se distinguaient pas. On y remarquait aussi quelques petits grains de limonite à formes très déliées et très irrégulières. A la lumière polarisée, le quartzite se divise en systèmes séparés d'anneaux colorés concentriques, correspondant respectivement à des fragments de quartz distincts.

En outre du quartzite pur qui vient d'être décrit, il y a des ardoises plus ou moins chargées ou composées de quartz. Un échantillon de cette espèce a été coupé et examiné sous le microscope avec un grossissement de 460 diamètres. Il montrait une matrice claire, dans laquelle étaient empâtés des grains anguleux ainsi que d'autres grains arrondis de quartz, et en outre, deux espèces de silicates ainsi que quelques petits grains de magnétite.

Un de ces silicates est en plaques irrégulières dans la pâte incolore. Sa couleur est légèrement brun-jaunâtre ; il montrait un clivage distinct dans une direction et un clivage indistinct dans l'autre, oblique au premier. Il est dichroïque.

L'autre silicate possède un éclat vitreux et une structure granulée à forme allongée, ressemblant à une file de perles. Il a une couleur foncée brun marron et ressemble à du grenat.

Entre les Nicols croisés, on reconnaît distinctement le caractère cristallin des phyllades, qui sans cette épreuve, eussent été prises pour une roche plastique. Une analyse partielle d'une certaine quantité de cette matière qui forme la pâte montre qu'elle devait contenir : eau, 2.36 o/o; potasse, 1.050 ; soude, 0.780, et des traces de Lithine.

Il vaut mieux éviter, en de semblables cas, les hypothèses sur l'espèce du mica constituant, attendu que les caractères des micas changent dans le même spécimen, quand ils sont soumis à des conditions externes un peu différentes.

Tout ce qu'on peut raisonnablement en conclure, c'est que ce sont les minéraux que Dana a réunis sous le nom d' « hydromicas » (').

Les membres de la série paléozoïque se rencontrent fréquemment à l'état de quarzophyllades, dans les comtés de Chester, Philadelphie et de Montgomery. Dans ces deux derniers on les appelle roches de « Edge Hill » du nom d'une éminence où elles sont très bien exposées.

Quartzite dans le comté de Chester.

On trouve le quartzite dans les environs de Kennett Square, en lits minces à surface plane, unie, il s'écrase facilement entre les doigts et contient une quantité notable d'argile, des flocons de mica, etc.

Le conglomérat et le grès, qui ne diffèrent que par des modifications de texture d'une même roche, sont généralement composés de grains de quartz blanc ou jaunâtre, qui après leur désagrégation sont facilement débarrassés par l'eau de leurs impuretés, et produisent des routes d'une blancheur éblouissante. Cette condition peut être observée partout sur le côté nord de la Vallée de Chester, et sur le flanc occidental de la Montagne du Sud.

Mais la modification qui est la plus trompeuse est celle connue sous le nom de Porphyroïde. On trouve cette roche de l'âge du quarzite, dans le comté de Chester, où le porphyre Laurentien est directement recouvert par le Paléozoïque inférieur , sans l'interposition des schistes Huroniens.

---

(1) Ce groupe des hydro-silicates comprend les Fahlumites, les Margarodites, les Damourites et les Paragonites. Les raisons qui ont empêché l'auteur de se servir de ce terme ici se trouvent dans l'avant-propos.

M. Heinrich a déjà insisté sur les ressemblances que certaines roches clastiques sur lesquelles reposent les couches de charbon Mésozoïques du Mid Lothian, en Virginie, peuvent présenter avec les granites vrais.

Le plus souvent la présence de ce pseudo-porphyre est indiquée par une décomposition presque totale du feldspath en argile, et ces dépôts de kaolin sont trouvés invariablement sur les bords de l'étage du Postdam quartzeux proprement dit.

C'est une observation importante que la roche, altérée par le temps, qui se rencontre au sud de la Vallée de Chester, ressemble au porphyre feldspathique ; elle présente une structure doucement ondulée très différente de celle des inclinaisons abruptes des quartzites de North Valley Hill. C'est grâce à sa faible inclinaison que cette couche recouvre la partie septentrionale de ce pays sur un si grand espace, malgré son peu d'épaisseur.

PHYLLADES A DAMOURITE ET CALCSCHISTES

(Silurien inférieur).

Il y a sous les roches calcaires, et généralement en concordance apparente avec elles, une série de phyllades à mica blanc, en partie argileuses et décomposées. Ces schistes et phyllades au fur et à mesure qu'ils pénètrent dans les régions profondes, deviennent de plus en plus chloritiques ; enfin la chlorite donne sa couleur aussi bien que son nom à la plus grande partie de la formation tout entière, mais la série des chloritoschistes est séparée de ces nacrites par le quartzite.

On peut s'en persuader en aval de Columbia en arrivant à la partie supérieure de la ville de Washington. Une ligne de faîte s'étend en cette région, des hauteurs assez escarpées situées au Nord du « *Strickler's Run* », jusqu'à un point très rapproché du prolongement de « *Chestnut Hill* ». Cette similitude topographique entre la crête de *Stricklers Run* et celle de *Chestnut Hill,* qui renferment l'une et l'autre une mince bande de calcaire, semble être basée sur une similitude de relations géologiques.

Mais, tandis que l'aire dans laquelle on exploite maintenant avec succès les riches minerais de fer de « Chestnut Hill » est généralement une épaisse masse d'argile, parsemée de blocs de quartzite, le faîte étroit auquel il vient d'être fait allusion est simplement une masse de phyllades à damourite, plus ou moins décomposées en argile et en schistes pourris. Les principales différences entre ces deux arêtes consistent en ce que les roches de *Chestnut Hill* sont plus désagrégées que les roches de *Strickler's Run,* et en ce que les fragments de quartzite et de

minerai prédominent à Chestnut Hill ; enfin les roches de
Strickler's Run sont concordantes avec la série du calcaire et
intercalées dans cette série. Nous ne prétendons point donner
ici une définition par *exclusion*, ce qui ne semble pas facile,
mais simplement une définition par les caractères les plus
tranchés ; car le calcaire se rencontre près du bord septentrional des roches de Chikis, quand le quartzite n'est plus visible,
à 0.8 kilomètre environ à l'Est de l'embouchure de la rivière
de Chikiswalunga. D'autre part, de minces lits de minerai de
fer ont été découverts dans les carrières de phyllades entre
Columbia et Washington. Nous avons mentionné ailleurs que
ces phyllades inférieures étaient les matériaux dont les débris ont
servi à la formation du bord Sud du bassin de grès mésozoïque. Dans quelques cas, la formation a été si régulièrement
composée de petits débris étalés et empilés les uns sur les
autres, qu'on pourrait prendre cette formation détritique pour
une masse de couches surchargées et brisées par une pression
exercée sur place, après consolidation des phyllades calcaires
inférieures.

Une de ces erreurs classiques qui s'enracinent dans le
monde savant, y deviennent séculaires et n'en sont arrachées
qu'à grand'peine, a été faite ici par Rogers et les anciens géologues. Après une inspection assez superficielle, ils ont cru que
ces roches que nous décrivons renfermaient du talc ; tout
géologue ayant l'occasion d'en parler, les désigne comme des
schistes talqueux ou talcschistes ; cependant plusieurs savants
ont démontré que ces schistes ne contenaient que des traces
insignifiantes de magnésie.

Il y a deux raisons pour les confondre avec les schistes
magnésifères. La première, c'est qu'il n'y a pas de démarcation définitive entre les chlorites riches en magnésie et ces phyllades auxquelles manque cette base ; de plus, il n'a pas été
possible de préciser un horizon quelconque, comme étant celui

des schistes chloritiques. La seconde, c'est que les caractéristiques physiques de ces deux séries se ressemblent d'une manière frappante.

Limonites et Phyllades avec damourite.

On peut dire d'une manière générale, que le district qui renferme la zône médiane de limonite du comté d'York s'étend, d'une part, de la rivière de Susquehanna au Nord-Est, jusqu'à la limite du Maryland au-dessous de Littlestown, sur une distance de (64 kilomètres) Sud-Ouest, et d'autre part, du bord du grès rouge au Nord-Ouest, jusqu'à « *Cabin Branch Run* », sur la rivière, jusqu'à la station de Shrewsbury sur le (*Northen Central* railroad).

Le plus grand nombre des minerais riches se trouve dans l'aire coloriée sur les anciennes cartes comme faisant partie du calcaire « auroral » de Rogers, ou Nº II. Cependant ils ne paraissent pas appartenir au calcaire, mais aux phyllades sur lesquelles ils reposent.

Les couches ne conservent pas la même direction dans toute la longueur du comté ; mais comme pour toutes les formations de cette partie du pays, la direction s'infléchit vers le Sud au voisinage du Maryland, et vers l'Est près de la Susquehanna.

La première question qui appela mon attention, fut l'étude de la concordance ou la discordance entre les phyllades et le calcaire : Y a-t-il véritablement lieu de les considérer comme discordants, et Rogers se trompait-il en mettant les limonites dans son « Auroral » alors qu'elles appartiennent aux phyllades ? Si le contraire est vrai, Rogers devait considérer les schistes comme partie supérieure de son « Primal ». Plusieurs coupes ont été étudiées par l'auteur avec des résultats peu satisfaisants à l'égard de cette question. Quatre coupes sur dix ont laissé soupçonner une légère discordance, sans la proclamer cependant. Cinq autres étaient neutres. La coupe qu'on a construite avec le plus grand soin donne, comme inclinaison maximum du quartzite S. 20° E. — 45° et pour l'inclinaison immédiatement consécutive des phyllades superposées S. — 45°. D'ailleurs, les couches supérieures de ces phyllades donnent S. 15° E. — 55°, et pour l'inclinaison immédiatement consécutive dans le calcaire S. 10° E. — 50°. Il est vrai que, pour le premier de ces contacts, il y a une différence de 20° dans la direction de l'inclinaison, entre les affleurements des deux formations qui sont les plus rapprochées, mais immédiatement consécutives dans les phyllades S. 10° Est, ce qui dénote une courbure locale, très forte, dans la ligne d'orientation, circonstance qui prévaut presque universellement dans cette région. Dans le second cas, il y a une différence de 5° dans l'orientation et aussi de 5° dans l'angle du plongement. Ni l'un ni l'autre de ces faits considérés isolément, ni tous les deux ensemble ne justifieraient l'hypothèse d'une discordance dans une région dont les roches sont partout dérangées et où leurs lignes d'orientation refoulées décrivent les plis.

Quant aux conglomérats calcaires représentés par un calcaire bleu (calcaire d'York) à galets de calcaire cristallin blanc plus ancien, on peut y observer des traces de discordance en une localité où l'incl. passe de S. 10° E. — 55° à S. 10° E. — 80°. Cette localité se trouve à 300 mètres au Sud du contact avec les phyllades. (au Nord de Wrightsville). Mais le retour immédiat à S. 10° E — 55°, et d'autres faits relatifs à cette hypothèse ont fait repousser cette interprétation stratigraphique.

A la limite méridionale de la masse principale du calcaire d'York, le manque de concordance entre ce calcaire et les phyllades n'est pas en contradiction avec les faits observés sur le terrain.

Une interprétation naturelle de cette irrégularité de contact entre le calcaire et les phyllades, serait fournie par l'existence d'une longue faille s'étendant depuis la rencontre du grès Mésozoïque, du calcaire et des phyllades anciennes au-dessous de Littlestown, au moins jusqu'au fleuve de la Susquehanna, en aval de Wrightsville dans le comté d'York. Une preuve à l'appui de cette hypothèse est la rectitude très remarquable de la ligne de contact, et le changement invariable de plongement qui s'y rattache, à la limite méridionale du calcaire et des phyllades.

En tirant une ligne E. 29° N. de l'extrémité sud de Littlestown, pour une distance de 46 kilomètres, nous passons uniformément entre les affleurements de phyllades et de calcaire. Cette ligne est régulière, droite, et située presque complétement dans une zône étroite, *où l'on n'a pas pu observer de plongement, ni discerner aucun affleurement de roche,* bien que cela soit facile au nord et au sud de cette ligne.

Il semble nécessaire d'admettre l'existence de cette faille pour rendre compte des phénomènes que l'on observe dans la coupe le long de la Susquehanna, et aussi pour rendre compte de la rectitude de la longue ligne suivant laquelle le contact est discordant. Quant à la discordance elle-même des deux formations, elle semble être établie ici indépendamment de l'existence de failles.

La plus grande portion des roches du comté d'York consiste en phyllades et en schistes qui ordinairement sont très inclinés; ils entourent de très près le bassin calcaire et présentent de nombreuses variations entre leurs affleurements extrêmes sud-est et la base de la South Mountain.

Dans la carrière qui se trouve à près de 800 mètres au nord du pont de Columbia, il existe un conglomérat consistant en un calcaire bleu, à galets de calcaire blanc. Le calcaire affleurant entre cette carrière et le coin nord de la zône, est généralement blanc et plus terreux que la moyenne du calcaire d'York. Les galets que l'on trouve dans les conglomérats de la région sont des fragments de calcaire plus ancien. On peut citer certaines localités où des calcaires de cette nature contiennent des fragments de ces schistes en si grand nombre et de telle taille, que l'aspect d'un bloc de ces roches peut faire croire qu'on a affaire à une phyllade ou à un chloritoschiste.

Un grand nombre des exploitations de la Vallée de Chester, au sud-ouest de la localité indiquée ci-dessus, sont aussi des mines de fer; le minerai est régulièrement interstratifié aux lits de calcaire.

Comme gangue, les phyllades présentent deux relations différentes avec le minerai. On le rencontre sous formes de cristaux de fer magnétique de dimensions variables, depuis les plus petites parcelles visibles sous une puissante lentille, jusqu'à des.individus de quelques millimètres. On observe encore des plaques et des écailles de fer oligiste, ainsi que de la pyrite partiellement ou nullement hydroxydée. Des phyllades dures non décomposées, massives, sont plus ou moins imprégnées par solution ; c'est ce qui arrive, par exemple, dans le banc de Strickhouser, de la *York Iron Company*, dans le banc de Hofacker, etc.

Le minerai se rencontre plus ordinairement sous forme de limonite, avec des quantités variables de magnétite et de péroxyde de fer anhydre dans les argiles formées par la décomposition de ces schistes.

Bien que la quantité de ces deux dernières variétés et plus spécialement de la magnétite, soit très petite relativement à la quantité de limonite, aucune de ces diverses variétés n'échappera à une recherche attentive dans un bon affleurement.

Il est probable qu'on doit chercher à expliquer l'origine du minerai en partie par la ségrégation et en partie par l'altération des minéraux de fer, opérée sur place. A la première catégorie, appartiennent ces minerais vitreux, botryoïdaux et stalactiques, dont les aiguilles montrent clairement la position qu'ils occupaient au cours de leur formation. Mais il se présente d'autres cas, dans lesquels des masses de minerai de forme irrégulière et d'étendue limitée, sont situées entre les lits des phyllades, et en partagent non-seulement le plongement général, mais encore les détours.

On peut admettre que les variétés micacées et magnétiques se rencontrent en plus grande proportion dans les phyllades les moins décomposées, ce qui paraît assez général. Ces phyllades qui contiennent le minerai semblent former l'étage sur lequel repose le calcaire d'York, tandis qu'un autre calcaire les accompagne dans leur gisement.

Le pays que nous examinons offre un grand nombre de questions difficiles. Pour nous, l'orientation des plans de clivage des phyllades et des calcaires sur la rive droite de la Susquehanna, en aval de Wrightsville, correspond d'une manière générale à la stratification des couches. Le contact de ces phyllades avec le calcaire se montre, en coupe d'une façon intéressante, sur le chemin de fer *Hanover Short Line*. Ici le calcaire plonge de S. 30° E. — 60°, et les phyllades E. 30, S. — 78°.

Un autre cas de contact intéressant, est visible dans une grande carrière, sur la même route, à environ 800 mètres Ouest de Spring-Forge. Les phyllades plongent de E. 30° S. — 62° et le calcaire est presque horizontal, s'ondulant doucement dans la carrière, de Sud 10° Est, à Nord 10° Ouest-avec des plongements qui ne dépassent pas 4°.

Les deux sortes de calcaire ont des différences tant physiques que chimiques. Ce sont en général des dolomies mélangées, autant qu'on l'a observé jusqu'ici, avec un peu de fer. L'une est ordinairement bleue ou bigarrée, et distinctement laminée ou en lits, tandis que l'autre est d'aspect plus terreux, ordinairement de couleur blanchâtre et tachetée d'oxyde de fer.

Dans la masse des schistes d'York, il y a des couches chloritiques qui affleurent souvent sous forme de roche compacte, dans laquelle les traces de lamination sont presque oblitérées ; ces chloritoschistes contiennent fréquemment de la pyrite et quelquefois de la chalcopyrite qui n'est que peu oxydée; ces affleurements chloritiques se présentent moins souvent à l'état feuilleté, injecté et tacheté de cristaux de pyrite, avec fragments de ce minéral plus ou moins hydroxydés.

Des veines de quartz (quelques-unes d'une grande importance) coupent ces roches, et jalonnent les places où ces schistes, profondément enfouis dans le sol, sont invisibles à l'observateur. On rencontre aussi, à de fréquents intervalles, parmi ces roches, des schistes cryptocristallins argileux.

Origine des limonites ou de l'hématite brune d'York et d'Adams.

Les minerais de fer du comté d'York, peuvent se suivre sur une longue zône, le long du bord sud du calcaire, près de Littlestown ; cette zône cependant a été longtemps négligée, probablement parce qu'elle contient une portion considérable d'oxyde de manganèse. Toutes les descriptions s'accordent à mettre les limonites au dessous du calcaire auroral. Les minerais qui sont entièrement en dehors de l'*Auroral* ne semblent pas avoir été mentionnés.

Les minerais du comté d'York sont généralement des phyllades compactes, plus ou moins parsemées de minerai magnétique (ilménite), de fer micacé, et de pyrite; ce sont parfois des limonites testacées et fragiles, ou botryoïdales et manganifères; quelquefois enfin ces minerais sont mélangés de beaucoup d'argile et d'autres impuretés, formant les concrétions.

Les minerais les plus recherchés et qui donnent les plus belles promesses de rendement, sont ceux des trois dernières catégories et forment les principaux étages étudiés.

Les minerais magnétiques et l'oligiste qui se rencontrent dans le bord méridional du grès mésozoïque, dans les parties nord des comtés d'York et d'Adams ne sont pas énumérés ici. Le premier fait important qui concerne les minerais que nous décrivons, c'est qu'ils ne se rencontrent jamais loin du calcaire d' « York », mais toujours sur ses bords; entourant ainsi le bord nord du bassin (quand ils ne sont pas recouverts par le grès rouge). Le minerai forme ainsi une ligne continue dans les affleurements ; il se trouve presque toujours dans l'argile jaunâtre et bleuâtre. De plus, non seulement chaque zône de minerai consiste en petites poches et en nids, gisant avec peu de régularité dans les phyllades décomposées qui constituent l'argile, mais dans quelques cas la zône elle-même est capricieuse et paraît cesser partout où la roche devient moins aisément décomposable.

L'origine de ce fer a été attribuée aux petits cristaux de pyrite qui indubitablement remplissent quelques horizons du grand dépôt de calcaire ; mais leur nombre, et la porosité du calcaire au voisinage de ce minerai, ne nous paraissent pas confirmer ces relations d'origine. Il semble beaucoup plus probable que le fer provenait des cristaux de pyrite des phyllades inférieures. En effet, les phyllades elles-mêmes qui sont à l'abri de l'action de l'eau présentent une structure poreuse, les pores étant remplis de limonite ocreuse brune ; ce fait a lieu jusqu'à une profondeur inconnue. Les phyllades semblent se transformer graduellement, dans une direction normale au plan des couches ; elles sont chargées d'abord de minerais pseudomorphiques, complètement *métasomatisées* de limonite formés sur de la pyrite mais conservant encore la forme de cette dernière ; on observe ensuite la même roche avec un noyau de pyrite ; puis la pyrite elle-même, d'abord avec un revêtement, ensuite avec une simple tache d'hydrate ferrique ; et on arrive finalement à des phyllades avec cristaux de pyrite.

Quant à l'origine du fer qui forme ces lits de limonite, nous la croyons indépendante des calcaires pyriteux ; en effet l'absence du calcaire au voisinage des grands dépôts de minerai est fréquente ; si l'on admet que le calcaire contenait assez de pyrites pour expliquer l'origine du dépôt entier, l'infiltration de l'eau nécessaire pour oxyder le soufre de ces cristaux de pyrite et enlever assez de fer pour produire les lits de limonite, crevasserait complètement et finalement ferait disparaître par soution et par frottement, les zônes pyritifères du calcaire. Mais dans quelques uns des lits les plus importants de limonite, et à leur voisinage, nous trouvons au contraire que le calcaire est à peine désagrégé par l'eau, et si parfois il l'est, il est devenu ferrugineux, et ces eaux ferrugineuses l'ont assez fortement tacheté.

En outre, l'uniformité avec laquelle ces dépôts de limonite se trouvent sur les confins du bassin et sur le bord inférieur des calcaires, prouve comme leur absence ailleurs, que leur position est en relation d'origine avec la cause de leur formation. Si ces dépôts étaient dérivés de la pyrite disséminée à travers le calcaire, on ne pourrait expliquer qu'il en soit ainsi quand les couches sont très inclinées ou verticales, si ce n'est en supposant que la solution ferrugineuse provenant du calcaire se soit frayé un chemin à travers les lits de phyllades en décomposition, dans une direction perpendiculaire à leurs plans de clivage. Cette hypothèse, contraire à toute probabilité, ne rendrait même pas compte de l'absence d'oxyde de fer sur les bords qui restent du calcaire lui-même ; car, même si nous pouvions admettre cet écoulement des eaux à travers le lit de phyllades, nous ne pourrions expliquer pourquoi cet écoulement ne s'est pas opéré le long des plans de couches. Voici, en résumé, d'après nous, les principales objections qui s'élèvent contre l'hypothèse d'après laquelle les lits de limonite dériveraient de la pyrite disséminée dans le calcaire situé au-dessus. 1" La position des lits de limonite ne semble pas en rapport avec celle de ces dépôts ; le calcaire ne présente pas d'excavations proportionnées à l'effet produit ; il n'offre même pas les concrétions d'infiltrations calcaires, qui auraient dû accompagner une telle genèse. 2° On trouve des dépôts similaires dans des horizons bien au-dessous et très éloignés du calcaire.

Des faits que l'on ne peut comprendre pour la plupart, en s'appuyant sur la première hypothèse, deviennent évidents et même nécessaires dans la seconde. Une grande partie des phyllades inférieures aux calcaires d'York sont pyritifères ; l'essai suivant d'un spécimen pris à 8 kilomètres au sud-est d'York, sur le chemin de fer *Peach Bottom*, en est une preuve. On a examiné une dalle de cette ardoise, de 3 1/2 pouces sur 2 1/2 pouces et 3/8 de pouces pour déterminer le nombre d'empreintes de cristaux de pyrite qu'elle contenait. A la surface de cette phyllade, surface de 3 1/2 $\times$ 2 1/2 — 8.75 pouces carrés, on a compté 350 de ces trous visibles à l'œil nu.

En mesurant au micromètre un grand nombre de ces trous, on a trouvé toutes les dimensions intermédiaires entre 1/6 et 1/48 de pouce. En prenant la moyenne des cubes de ces dimensions, pour le volume ou 0.000213 pouce cube d'un cristal, nous avons, dans un pouce carré 40 de ces cristaux, occupant 0.00851 pouces cubes. Dans le spécimen examiné, qui avait 3/8 de pouce d'épaisseur, il y avait neuf couches distinctement visibles à l'œil nu. Chaque couche avait donc 1/34 de pouce d'épaisseur; si l'on suppose seulement 0.00852 pouce cube de pyrite dans chaque pouce carré de lamelles, nous avons 0.00850 $\times$ 24 $\times$ 12 $\times$ 5 = 12.27 pouces carrés de pyrite dans chaque pouce carré de superficie et cinq pieds d'épaisseur de ces phyllades. 1 pouce de pyrite pèse 126.1 grains. Dans l'épaisseur et la superficie susdites de ces phyllades il y a donc 1547.25 grains, ou 222.803.57 grains = 31.81 livres avoirdupois par chaque pouce carré de la même épaisseur. Cela nous donnerait, pour chaque mille d'affleurement et 1000 pieds suivant l'inclinaison, la somme énorme de 168.009.600 livres = 75.004 tonnes de 2.240 livres. Cela correspond à 2.874.846 kilogrammes de pyrite pour 1 kilomètre d'affleurement, 1 hectomètre suivant l'inclinaison et 1 mètre d'épaisseur. Quant au fer métallique de cette masse de phyllades de 1 mille de longueur et de 5 pieds d'épaisseur, il pèserait 47729.7 tonnes, et si l'on supposait qu'il fût oxydé, l'oxyde anhydré péserait 68185.2 tonnes. A l'état de limonite, il pèserait 79691.5 tonnes.

Supposons que 1/4 de cette masse soit entraîné dans le sol par les eaux et qu'il en reste 3/4, à l'état d'ocre de fer terreuse, dans les trous primitivement remplis par la pyrite dans les phyllades encore en place, n'ayant subi qu'une décomposition partielle et voisines du minerai ; chaque affleurement de ces phyllades, d'un mille de longueur et d'*un pied* d'épaisseur aurait alors contribué au dépôt pour 20 tonnes environ. Mais la masse entière des roches qui se trouvaient primitivement au-dessus de la surface actuelle a été entraînée par les eaux et avec cette masse ont été entraînés les 47730 tonnes de fer métallique, ou les 79.691 tonnes de limonite (si tout ce fer était hydroxydé) par 1000 pieds de pente, cinq pieds d'épaisseur et un mille d'affleurement. Si l'on ajoute ce nombre à la quantité plus petite fournie par les phyllades de la

surface, cela fournit un total de 79.711 tonnes de limonite par
mille, qui ont été graduellement transportées dans la profondeur du sol et disséminées parmi les argiles. Mais ces phyllades
ont une très grande épaisseur, au moins 100 fois celle que
nous avons supposée. En admettant donc toutes les pertes
possibles par transport dans la mer, et par solutions de continuité des lits d'argile à de grandes profondeurs au-dessous du
sol, ainsi que par combinaison avec les silicates pour former
des sels doubles, nous aurons encore plus qu'il ne nous faudra
pour rendre compte des bancs de minerai les plus épais.

Dans la vallée de Dunkards, à un mille à l'est de Logans-
ville, il y a une roche que l'on peut à peine distinguer des
schistes environnants, mais qui contient 78.15 pour cent de
matière soluble, dont les 62.52 pour cent environ, sont du
carbonate de calcium et à peu près 6.25 pour cent de carbonate de magnésium. Le dernier rapport du premier service
mentionne un gisement semblable de calcaire sur le Schuylkill.

Rogers s'exprimait comme suit relativement aux anciens
dépôts de limonite du comté de Lancaster [1] : « Ici se pose une
question intéressante ; Quel peut avoir été l'état atmosphérique qui a produit la remarquable infiltration, par laquelle une si
grande quantité de minerai a été entraînée hors de ces bancs
ferrugineux ? Etait-ce une pluie tiède chargée d'acide carbonique à une période paléozoïque primitive ? Ou bien une longue
filtration des eaux superficielles comme celles qui imbibent
maintenant la terre ? Faut-il au contraire soupçonner une
action de la vapeur interne sortant à travers les crevasses des
diverses couches à une période de mouvement et de perturbation de la croûte terrestre. J'incline du côté de la première
conjecture. »

Le Dr Hunt [2], dans son essai sur les dépôts métallifères,

---

(1) Rogers, T. 1, p. 183.
(2) Dr Hunt, T. XII, *Chemical und Geological Essays*, Boston, 1875, p. 229.

dit : « On m'a demandé où étaient les traces de la matière organique, nécessaire pour produire les vastes lits de minerai de fer, trouvés dans les anciennes roches cristallines. Je réponds que dans la plupart des cas, la matière organique a été entièrement consommée pour produire ces grands résultats, et que c'est la grande proportion de fer disséminé dans les terres et dans les eaux de ces temps primitifs, qui non-seulement a rendu possible l'accumulation de si grands lits de minerai, mais a oxydé et détruit la matière organique existant à des âges reculés dans les charbons, les lignites, les schistes bitumineux et les bitumes. Cependant une partie du carbone subsiste encore sous forme de graphite, etc.

Quant au persulfure de fer ou à la pyrite, M. S. Hunt en attribue la formation à l'action désoxydante que les matières organiques en décomposition, en dehors du contact de l'air, exerceraient sur le sulfate soluble de chaux et de magnésie ; en présence de l'acide carbonique, elles donneraient alors naissance à de l'hydrogène sulfuré. Ce dernier (ou un sulfure soluble) précipite du sulfure de fer, lequel, dans certaines conditions qui ne sont pas encore bien comprises, contient deux équivalents de soufre pour un de fer, et constitue des pyrites de fer. Il ajoute qu'il a observé que le protosulfure de fer, en présence d'un sel de fer au maximum, perd la moitié de son fer, le reste étant converti en persulfure.

Il y a, d'après nous, une interprétation possible de cette concentration de la limonite sur le bord de l'affleurement calcaire. Par l'oxydation des pyrites des phyllades, il se serait produit un équivalent d'acide sulfurique, en plus de celui qui est nécessaire pour former du sulfate ferrique. Cette molécule d'acide sulfurique libre, passant sous le mica et les chloritoschistes aurait dissous une partie de leurs alcalis et particulièrement la soude. Dans les lits inférieurs d'argile, cette solution de sulfate de soude s'est mélangée avec la solution de bicarbonate de chaux, produite par l'écoulement des eaux de pluie à travers le calcaire, en donnant naissance à du bicarbonate de soude et à du sulfate de chaux. Ce bicarbonate de chaux, réagissant sur le sulfate d'oxydule de fer, a précipité du carbonate hydroferreux, qui par oxydation, a été rapidement transformé en hydrate ferrique, tandis que le sulfate d'oxyde de fer a été immédiatement précipité à l'état d'hydrate d'oxyde. Ce n'est là, répétons-le, qu'une des nombreuses explications que l'on peut imaginer pour rendre compte de ce fait observé, que les dépôts de limonite, dans cette région, sont plus fréquents et plus étendus au voisinage des dépôts de calcaire que partout ailleurs. Bien que les dissolutions produites dans ces bassins puissent favoriser le dépôt de ce minerai, elles ne sont pas toujours nécessaires à sa formation.

Une preuve du fait que de grands dépôts de limonite peuvent être indépendants de l'influence du calcaire, c'est l'existence de dépôts de ce genre dans des régions éloignées de ce calcaire. Il y en a beaucoup d'exemples dans les comtés d'York et d'Adams. En réalité, il y a très peu de bancs de minerai du comté d'York qui puissent accuser une relation étroite avec la partie caractéristique, c'est-à-dire calcaire, de la série « Aurorale. » Mais, en supposant que la présence du calcaire ait été une condition importante, sinon nécessaire, de la production de ces limonites, nous sommes forcés de supposer que ces dernières ont été les résultats d'une séparation, et l'existence des argiles devient ainsi nécessaire.

On découvre des argiles qui contiennent du fer, dans tous les produits de décomposition, depuis les phyllades compactes et les chloritoschistes de la mine d'Hofacker et de la mine de Strickhouser, jusqu'aux phyllades décomposées, mais douées encore de cohésion, si communes le long de la base de la South Mountain. On trouve aussi l'argile en masses complétement désagrégées, plastiques, adhérentes, de couleurs bigarrées. En comparant les produits de décomposition des deux dernières catégories de couches, on ne peut méconnaître la constance des caractères du minerai suivant les sinuosités des lits de phyllades. On peut quelquefois reconnaître, par un examen attentif des plans ou strates de même composition que les plissements du minerai sont dûs à la même cause générale. La théorie d'après laquelle nombre de ces limonites se seraient formées par l'altération sur place, de divers minerais de fer, théorie avancée par C. U. Stepard il y a plusieurs années, doit être prise en considération, lorsque l'on recherche les causes qui ont produit ces limonites (').

Caractères minéralogiques et chimiques.

Dans sa coupe le long de la Susquehanna, Rogers imagine que les schistes métamorphiques du « Primal » cèdent la place, au' Sud de Wrightsville, au calcaire « Auroral » renfermant des chistes talqueux avec quarz libre ? Ces schistes généralement appelés talcschistes, dans l'Amérique du Nord, sont d'une couleur grise, brune ou bleuâtre ; ils montrent, au microscope, un grand nombre de petites écailles étincelantes et ordinairement courbées.

Parfois ces écailles sont assez grandes pour prêter à la roche même un caractère grossièrement schisteux. On éprouve au toucher l'impression que produirait une substance onctueuse. L'éclat ressemble à celui de la nacre.

Un échantillon (contenant peut-être un peu plus de fer que la vraie moyenne) a été envoyé par nous au Dr Genth, qui a fait une analyse dont voici le résultat :

---

(1) M. le Dr R. M. Jakson avait dit-on , publié en substance les mêmes vues en 1838.

Si O_2	53,00
$Al_2 O_3$	33,84
$Fe_2 O_3$	7,05
Mg O	0,83
Ca O	0,55
$Na_2 O$	1,40
$K_2 O$	2,50
$H_2 O$	1,25
	100,42

Une variété argileuse de ces schistes des environs de Hanover montrait des points d'oxyde de fer magnétique, entourés de taches d'oxyde de fer hydraté, et distribués sur un espace composé en grande partie de petits fragments allongés d'un minéral amphoterolitique et de petites écailles. Ces dernières, examinées au microscope, se rapportent aux micas. La masse entière semble être couverte par un réseau de lignes fines indiquant probablement les bords des écailles. Cette variété a été analysée dans le laboratoire de l'Université de Pennsylvanie ; voici le résultat de l'analyse :

Si O_2	56,50
$Al_2 O_3$	25,82
Mg O	2,63
$Na_2 O$	1,42
$K_2 O$	2,83
$H_2 O$	3,75
Perte, etc.	7.05
	100,00

Ces analyses, l'une comme l'autre, confirment l'opinion que le minéral ou les minéraux qui donnent à la roche sa nature onctueuse et son éclat nacré, appartiennent au groupe *Hisingerite;* Section *Margarophyllite* des *Silicates hydratés* (Système de Dana).

La quantité de fer qui dépasse un peu la moyenne dans la première analyse est le résultat d'une cause locale et n'infirme en rien la théorie relative à la constitution générale de ces roches. Une série d'analyses des « schistes contenant de la Damourite », dont un échantillon vient du comté d'York et les autres de celui de Lehigh, est publiée dans le rapport du Dr Genth sur la Minéralogie de la Pennsylvanie (p. 126). D'après ces résultats, les schistes de Lehigh contiennent moins de fer et de soude, et plus de potasse, que ceux décrits ci-dessus, mais il y a une ressemblance indéniable entre les deux séries.

CALCAIRES DE CHESTER, LANCASTER ET YORCK.
(Silurien inférieur, Auroral de Rogers).

La grande étendue du calcaire dans le comté de Lancaster et l'absence presque complète d'autres horizons, nous ont décidé à choisir le type de cette formation dans ce Comté, et à commencer par sa description.

De plus, les lambeaux calcaires qui s'étendent au-delà de ses limites, peuvent être regardées comme des dépendances de cette masse principale.

Suivant Dana(¹), la série « Aurorale » embrasse les époques qu'il appelle le grès calcifère, le calcaire Chazy, et le calcaire Trenton de la série des géologues de New-York. Il ne donne aucun exemple du calcaire de Trenton en Pennsylvanie.

Les variétés de composition qui ont permis aux géologues de New-York de distinguer leurs différentes couches n'existent pas en Pennsylvanie ; ce pays ne fournit pas, non plus, de raisons stratigraphiques pour scinder cette formation en quatre groupes distincts.

Il y a certainement des calcaires de différents âges représentés dans le district, comme on peut le voir, mais ces calcaires appartiennent le plus souvent aux termes inférieurs de la série stratigraphique, voisins du Grès Primal. Cependant on trouve des gisements isolés où le calcaire, sans rien changer de ses caractères ordinaires, ni de ses relations stratigraphiques, devient soudainement fossilitère. C'est à cause de cela, qu'on a imaginé que la moitié occidentale du calcaire de la grande vallée (Cumberland), représente le Trenton, soit par manque des couches intermédiaires, soit à cause d'une faille, pendant que la moitié orientale consiste en « calcifère. »

---

(1) Voyez la dernière édition du « Manual of Geology », New-York. 1875. p. 184-185.

Ce calcaire de Lancaster a été divisé dans le rapport de Rogers, en deux parties : la grande masse de Lancaster, dont le calcaire d'York n'est qu'un mince prolongement, et un autre massif formant une langue étroite le long de la vallée de Chester dans le Lancaster et se termine près de Quarryville , du côté sud du Mine Ridge. Une étude attentive de cette seconde région nous a permis d'établir que les deux districts étaient en réalité continus. Rogers avait plus d'une fois laissé soupçonner que telle était son opinion, toutefois il ne s'est jamais prononcé, et la carte qu'il a dressée ne donne rien de précis à ce sujet.

Il suffira de jeter un coup d'œil sur notre carte pour comprendre la nature de cette connexion. Des bandes étroites de roches plus anciennes , reliant la série de Georgetown avec les affleurements de townships de Martic et de Drumore, divisent la zône du calcaire en petites baies et péninsules, mais ne le coupent pas réellement, si ce n'est en un point (qui n'est pas très étendu), près de Camargo, dans le township d'Eden.

Ce calcaire alterne avec de grandes masses de phyllades à damourite, de schistes, de phyllades à cassures rhomboïdales, et de strates pyritifères grises, désagrégées, contenant d'autres matières disséminées parmi elles, en sorte qu'il est très difficile de calculer l'épaisseur réelle de carbonate de calcium, comparativement pur, qui existe avec certitude dans n'importe quelle localité. Les schistes, les argilites et peut-être plus rarement de véritables phyllades peuvent se présenter dans tous les horizons du calcaire, et, en quelques circonstances, de manière à tromper des observateurs très exercés, sur leurs relations réciproques. Cette intercalation de lits étrangers, ne semble, jusqu'à présent, soumise à aucune règle, bien qu'en général de telles transitions semblent être plus fréquentes dans les parties inférieures des couches que partout ailleurs.

Calcaire d'York.

Reprenant la description des limites du calcaire dans le comté de Lancaster, nous trouvons deux massifs de la même formation dans le comté de York. Le premier est celui qu'on a appelé le calcaire de « Cabin Branch Run » du nom de la petite rivière dont il constitue le lit. Ce calcaire s'étend environ à 6 kilomètres à l'ouest de la rive droite de la Susquehanna, son affleurement décrit une courbe, puis revient vers la rivière, qu'il traverse encore vis-à-vis le village de Washington. La masse principale de ce calcaire entoure les schistes à damourite qui représentent le calcaire au N. O. du quartzite de Chikis, puis elle forme deux zònes, qui suivent les deux vallées des rivières de « Creitz » et de « Codorus » jusque près de la ville d'York ou elles s'unissent. Cette formation, y compris les schistes argileux qui séparent ainsi le calcaire en deux zònes, poursuit une direction S. O. jusqu'au village de « Littlestown », mais les « Pigeon Hills » occupent une grande partie de cette extension, et sont aux deux tiers enveloppées par le calcaire.

En dehors de cette longue vallée de calcaire Auroral, il existe aussi à l'extrême N. O. de la carte un petit lambeau de calcaire qui est une dépendance de celui de la «Grande Vallée», ou Vallée de Cumberland.

On n'a pas encore trouvé, à notre connaissance, de fossiles dans les calcaires d'York, ni d'Adams.

Calcaire du comté de Chester.

Nous avons déjà décrit les limites du calcaire appelé calcaire de la Vallée de Chester ; elles ne sont guère difficiles à indiquer du reste, cette étroite vallée s'étendant à l'orient en ligne presque absolument droite. Mais il y a d'autres affleurements de calcaire, dont l'étude est autrement difficile et sur lesquels nous avons appelé l'attention, quand nous avons discuté les roches qui forment l'escarpement au Sud de la Vallée.

Nous avons donné les raisons qui semblent appuyer l'hypothèse que lesdites roches sont réellement des phyllades à damourite et des chloritoschistes, appartenant aux couches supérieures du Huronien, et inférieures au quartzite, base de notre système paléozoïque. Il reste encore un coup d'œil à jeter sur les rapports qui existent entre les limites de ces calcaires et de ces schistes.

Les observations qui suivent sont prises de l'Ouest à l'Est, en commençant dans le township occidental du comté de Chester. Les inclinaisons sont disposées de manière à rapprocher davantage dans nos tableaux, celles qui sont les plus voisines sur le terrain. La comparaison est établie entre les inclinaisons du bord méridional du calcaire et le bord septentrional des schistes, phyllades, etc. La ligne supérieure représente ainsi les inclinaisons du calcaire; et les deux lignes ensemble peuvent donner une idée approximative de leurs rapports mutuels.

Township de Sadsbury.

Les deux tiers de ce township du côté de sa limite occidentale, sont dépourvus d'affleurements de calcaire en place. Les inclinaisons ci-dessous sont prises à partir du village de Parkesburg.

O				E
Calcaire	S 10° E — 60°	S 15° E — 60°		
Schistes	N 45° O — 40	S 20° E — 85°		

Township de Vallée.

O					E
Calcaire	S 5° E — 85°	S 30° E — 65°	S 10° E — 70°	S 20° E — 57°	
Schistes	S 30° E — 70°	S 35° E — 70°	S 10° E — 70°	S 35° E — 80°	

Township de Caln.

O							E
Calcaire	S20° E—60°	N — 45°	S15° E—67°		S10° E—70°	S — 55°	
Schistes	S15° E—80°	N — 85°		S10° E—74°		S20° E—85°	

Township de East Caln.

O							E
Calcaire	S10° E—85°	S10° E—60°		S10° E—85°		Verticale	
Schistes	S10° E—80°		Verticale		S10° E—80°	S10° E—70°	

Township de West Whiteland.

O					E
Calcaire		S 10° E 70°	S 5° E — 70°	(Direction E 10°N) Verticale	
Schistes	S 10° E — 70°			N 10° O — 88°	

Township de East Whiteland.

							E
Calcaire	S15° E — 80°	S15° E—80°	S20° E—75°	S10° E—85°	N O — 73°	S 20° E — 78°	
Schistes		S20° E—70°	S20° E—80°	S E — 65°	S10° E—80°	(Direction E 20° N) Verticale	

Township de Tredyffrin.

O							E
Calcaire	S 15° E — 74°	Verticale (March. E 10° N)	S E — 80°	S — 80°	S10° E—80°	Verticale	
Schistes	S15° E—60 à 90°	N 10° O — 70°	S15° E—50°	S — 50°	S10° E—50°	N10° O—50°	

Ces tableaux montrent des différences suffisantes entre l'inclinaison des deux couches pour empêcher de conclure que ces deux formations ont subi les mêmes mouvements. En même temps, il faut reconnaître que les rapports sont tels qu'on ne peut les rapporter à des causes différentes. A l'Est du Sadsburg township, les ressemblances de structure des deux lignes deviennent de plus en plus frappantes jusqu'au milieu du township de Vallée. Plus à l'Est encore, la direction des couches des deux formations reste la même, pendant que l'inclinaison de ces couches schisteuses à l'horizon est bien différente de celle du calcaire.

Cet état de choses dure pendant toute la traversée des townships, de Caln, East Caln, West Whiteland, East Whiteland et Tredyffrin, enfin jusqu'à la limite orientale de notre carte. Mais dans ce dernier township, les différences de direction et d'inclinaison entre les couches du calcaire et celles des schistes, sont plus grandes que dans les autres townships. Les conclusions générales de ces observations, sont la haute inclinaison des deux formations, où on relève beaucoup de plissements très serrés, et la discordance presque universelle entre les schistes et le calcaire.

Cette dernière considération est à elle seule une raison pour faire croire que l'on est ici en présence d'une solution de continuité, mais nous en donnerons d'autres preuves. Tout le long de cette vallée, qui n'a en moyenne qu'un demi-kilomètre de largeur sur 64 kilomètres de longueur, du village Pomeroy jusqu'à Willow Grove en Montgomery Countey, le bord septentrional du calcaire touche au quartzite de la North-Valley-Hill, pendant qu'au sud le quarzite n'affleure qu'en un seul point. Comment cela s'explique-t-il ?

Certains géologues pensent que les phyllades de la South Valley Hill sont en réalité du même âge que le quartzite, mais qu'ils ont subi un changement de constitution. Un changement si radical, si persistant, et à si peu de distance, ne se comprend pas et cette hypothèse est inadmissible. D'autres supposent que les phyllades, comme nous l'avons dit ailleurs, reposent en concordance sur le calcaire et que ces couches appartiennent à une époque plus récente que le calcaire. Il y a en faveur de cette vue l'autorité d'une école nombreuse de bons géologues. Pour eux, une grande épaisseur de schistes, qu'on a appelé «groupe Taçoniques» «groupe de Québec» etc, reposent sur le calcaire, et ce sont ces schistes qui après avoir subi un métamorphisme plus ou moins grand, deviennent des gneiss, du micaschiste, et constituent les roches de Philadelphie.

A cette théorie, on doit faire, toutefois, d'après nous, un certain nombre d'objections :

1° Si ces schistes étaient réellement supérieurs au calcaire, ils n'arriveraient pas au contact des roches Laurentiennes le long de leur limite méridionale, sans que jamais une tranche de calcaire ou de quartzite ne vint indiquer l'existence d'une faille, dont il n'y a aucunes traces.

2° La forme des contours allongés des masses Laurentiennes, visibles dans cette région des phyllades, rendent l'hypothèse des failles, insoutenable.

3° Les caractères lithologiques des schistes au sud de la vallée de Chester sont identiques à ceux des schistes que nous avons rapporté au système huronien, au nord de cette vallée, et qui se trouvent entre les roches porphyriques, les gneiss amphiboliques Laurentiens, et le quartzite primal.

4° L'existence de tous les minerais qui caractérisent les couches huroniennes dans cette zône, et leur absence dans toutes les couches certainement supérieures au calcaire sont des faits importants à l'appui de notre manière de voir.

En étudiant les chloritoschistes, nous avons mentionné d'autres raisons encore, sur lesquelles il est inutile de revenir ici (*Voir plus haut*).

S'il est difficile de fixer les relations du calcaire avec

les formations qui en sont plus rapprochées, les obstacles qui s'opposent à une projection continue des plissements du calcaire même, ne sont pas moins grands. Presque partout où le calcaire affleure, il est tellement fracturé qu'il est impossible d'en figurer une coupe exacte. Rogers a indiqué cette difficulté dans les coupes de la première carte, par des lignes en zig-zag qui ne peuvent pas être prises comme une représentation exacte, mais seulement comme une indication de torsions et de plissements nombreux et inconnus. Quand des difficultés de cette nature se rencontrent dans le reste de la Pennsylvanie, on doit s'attendre à les trouver plus accentuées encore dans la région qui est le sujet de ce mémoire, et où comme nous avons essayé de le démontrer, tous les phénomènes résultant de la chaleur et de la pression sont à leur maximum quant au nombre et à l'intensité. Il est vrai que nous avons donné des évaluations de l'importance de ce calcaire, prises en certaines localités où la structure ne semblait admettre aucune autre interprétation, mais c'était à l'extrême Ouest des massifs.

Dans le comté de Chester, où une grande partie du calcaire a été changée en marbre, contenant plus ou moins de magnésie, où la moitié méridionale de la vallée semble avoir été soulevée et où les petits lambeaux isolés du Sud de la vallée ne sont que les restes d'une grande couche plus épaisse, on ne doit pas même prévoir qu'une coupe détaillée soit possible. On pourrait dire que le problème stratigraphique présentait ici le maximum de difficultés possibles de l'absence des fossiles, par l'écrasement des principales couches, la présence de débris, et l'importance de la décomposition.

Comme on l'a dit, l'endroit le plus favorable pour donner des renseignements certains sur le calcaire, est la rive droite de la Susquehanna, en face du village de Columbia. L'embouchure du pont à Wrightsville, se trouve à peu près dans l'axe d'un grand synclinal dont la structure paraît assez claire.

Les assises mesurées ici perpendiculairement aux couches, accusent près de 914 mètres d'épaisseur; c'est-à-dire plus que toute la largeur de la Vallée de Chester en plusieurs endroits. Cependant le calcaire est le même dans les deux cas, et il est difficile d'imaginer une autre cause qu'une faille, pour expliquer cette diversité.

L'importance de cette coupe de Mill Creek à Quarryville, est capitale, si elle prouve comme nous le croyons, non-seulement la contemporanéité, mais bien aussi l'identité des deux grandes masses calcaires de Lancaster. D'abord cette identité facilite beaucoup la détermination de l'âge des roches des environs de Philadelphie, parce que cette étroite bande de calcaire, que nous avons assimilée à celle de la Vallée de Chester, traverse le Schuylkill à peu près à 27 kilomètres de Philadelphie, à la ville de Norristown. Entre les deux localités le long de la rivière, les roches affleurent presque partout, et leurs relations stratigraphiques avec les étages du Silurien inférieur peuvent être bien constatées sur la moitié de la largeur de la Pennsylvanie (en latitude), et sur toute la longueur de la grande vallée (Cumberland, Shenandoah, Virginia etc.), enfin du Canada jusqu'à Alabama.

La continuité une fois établie entre les calcaires de Chester et de Lancaster, l'horizon de Norristown est transporté à Churchtown, d'où il n'y a qu'une bande de grès mésozoïque d'une largeur de 16 kilomètres jusqu'au calcaire de Reading, jusqu'au bassin d'Ephrata, qu'une zône encore plus étroite de la même formation sépare du calcaire de Shefferstown, et jusqu'à Bainbridge sur la Susquehanna où la même bande recouvre le calcaire qu'elle coupe entre ce village et celui de Newmarket. Or Newmarket, Shefferstown et Reading se trouvent dans la même vallée de calcaire, à laquelle on a donné aux différents endroits, les noms que nous venons de citer.

Quant à la contemporanéité des calcaires des deux côtés

du grès mésozoïque ; les ressemblances lithologiques, le gisement du grès qui les coupe, les relations observées entre ce grés et le quartzite de la « North Valley Hill » d'un côté, et de la South Mountain de l'autre, l'attestent suffisamment.

On conviendra ainsi avec nous que cette coupe, et spécialement sa partie entre New Providence et Quarryville, joue un rôle capital dans la détermination des étages respectifs de toute cette partie de Pennsylvanie, et par suite aussi dans toute l'étendue de la région Apalachienne. L'importance de cette coupe expliquera le soin avec lequel nous l'avons relevée ; nous avons dû toutefois tellement multiplier les détails locaux, qu'elle ne peut facilement trouver place dans ce mémoire succinct, et que nous préférons renvoyer directement au mémoire in-extenso (CCC p. 158). *Voyez la planche qui contient la coupe* E. F.

Caractères du Calcaire.

On a fait d'intéressantes recherches sur les calcaires primaires et sur la condition de la croûte terrestre pendant la production des dolomies, et il est clair que le sujet vaut la peine d'être étudié avec soin.

Une autre série d'investigations d'une grande importance
est celle de l'influence que le calcaire dolomitique doit exercer
sur la topographie d'un pays. Le professeur Lesley a montré
quel rôle important joue, dans la production de la surface
actuelle, la dissolution lente et la destruction souterraine des
calcaires, ainsi que l'affaissement subséquent des couches qui
s'appuient sur eux.

Il est aisé de voir que différents effets ont été produits par
la destruction rapide du carbonate de chaux pur, et la destruction plus lente des roches magnésiennes ou dolomi-
tiques. L'effet de l'eau sur l'une ou l'autre séparément n'est
pas le même que celui qui est produit sur leur combinaison
dans une même couche, que l'on rencontre si fréquemment
dans les grandes vallées de roches siluriennes et ante-silu-
riennes des bords de l'Atlantique.

Comme ces calcaires des vallées de Cumberland et d'York
ont été plus complètement examinés, le caractère hétérogène
des couches qui les composent sera plus parfaitement compris.
Nous avons cherché si on pouvait caractériser certains bancs
de cette série par leur teneur en magnésie; la reconnaissance de
ce fait aurait en effet de l'importance pour les géologues qui
s'occupent de stratigraphie.

Dans le but de soumettre à cette épreuve une épaisseur
de calcaire aussi grande que possible, nous avons fait un choix des
principales couches dont la place dans la série avait été établie
par la commission géologique des comtés d'York, de Franklin
et d'Adams dont j'étais le directeur, et après tous les soins
possibles pour écarter des sources d'erreur je les ai analysées.

Le n° 1 est un calcaire sableux de l'affluent oriental,
du ruisseau de Creitz, à Wrightsville. Si l'interprétation
de la structure donnée dans le « Report of Progress »
de l'auteur pour 1874 est exacte, ce calcaire appartient ou à peu
de chose près à la base de la série « Aurorale » et se trouve

immédiatement au-dessus des schistes chloritiques et schistes avec damourite.

Le n° 2 est un échantillon pris dans le banc supérieur d'une carrière près de « Pine Grove Furnace » comté de Cumberland. Il représente probablement une des couches les plus élevées de « l'Auroral. » Il était recouvert de calcite cristallisée, contenant plus de 98 pour cent de Ca CO_3 avec une trace à peine de magnésie.

Le n° 3 est un échantillon pris dans le banc inférieur à environ 7.5 mètres des couches précédentes, de la même carrière.

Le n° 4 est un exemplaire des calcaires blancs ou de couleur chamois, qui se trouvent avec les calcaires bleus, associés dans la même carrière, mais qui cependant montrent des signes de discordance avec ceux-ci. Ces calcaires sont généralement pauvres en magnésie.

Le n° 5 provient de la carrière de Detweiler, au nord du pont de Columbia, à Wrightsville. Sa position est suivant toute probabilité, à égale distance des bancs supérieur et inférieur du calcaire Auroral.

Le n° 6 a été pris dans la carrière de Detweiler, au sud de Wrightsville, et c'est (d'après mon analyse) un calcschiste qui se trouve sous une des nombreuses bandes de la formation. Les caclschistes qui se trouvent avec lui au pied de la carrière, cont remarquables par la grande quantité de cristaux de pyrite qu'ils contiennent. Quelques-uns de ces cristaux ont 2 centimètres de côté.

ANALYSE DE CALCAIRES

	Calcaire arénacé affluent Ouest de la Rivière de Creitz. N° 1	Carrière de Pine Grove, banc supérieur N° 2	Carrière de Pine Grove, banc inférieur. N° 3	Calcaire blanc à 100 mètres Est du carrefour de Beeler. N° 4	Carrière de Detweiler au N.-O. de Wrightsville. N° 5	Carrière de Detweiler au Sud de Wrightsville. N° 6
Densité (en bloc)	2.832	2.735	2.731	2.750	2.737	2.770
Résidu siliceux insoluble	4.400	12.270	12.000	3 570	0.490	41.710
Alumine et oxyde de fer	1.170	1.540	0.450	0.210	1.440	6.350
Carbonate de chaux . .	(a) 49.920	75.320	81.617	(b) 91.580	91.400	43.728
Carbonate de magnésie	(a) 42.980	10.750	6.400	(a) 4.110	7.290	6.450
Soufre	0.220	0.120	0.422	0.113	0.003	1.480 (c)
TOTAL	98.690	100 000	100.489	99.583	100.623	99.718
Fer métallique. . .	0.354	0.698	....	....	0.196	1.827
Alumine.	0.505	0 541	....	....	1.454	3.740

(a) Détermination faite également par le Chimiste de la carte géologique de la Pennsylvanie.

(b) Moyenne de deux déterminations par l'auteur.

(c) On y constate la présence de sulfure, parce qu'il se forme de l'acide sulfhydrique quand on traite la roche par l'acide chlorhydrique.

Le poids spécifique a été déterminé avec soin. Dans toutes les déterminations de poids spécifiques qui suivent, des fragments pesant de 3 à 12 grammes, ont été doucement chauffés et jetés dans l'eau distillée où ils sont restés 24 heures.

La température de l'eau dans laquelle le second pesage a eu lieu était de 16.6° cent. Nous n'avons pas employé la méthode du flacon, car on s'en sert surtout pour obtenir la densité de composés chimiquement homogènes. Quant à la détermination de densité de roches, de charbons, etc., dont le poids devient une considération importante par suite de leur transport pour les grandes industries, j'ai cru que le poids d'un volume donné pourrait être plus exactement déterminé en négligeant d'exclure l'air dont ces roches sont en partie remplies.

Nous croyons avoir montré que l'étage véritable des limonites et des autres minerais de fer n'est pas le calcaire, mais bien les phyllades qui se trouvent au dessous de lui.

Ces dépôts de limonite cependant et même d'autres minerais de fer, se trouvent aussi parfois dans le calcaire; ils ne sont pas limités aux couches du Silurien inférieur, mais se trouvent également dans les calcaires de formations et d'âges bien différents. On rencontre souvent, dans les calcaires de la formation carbonifère, un dépôt de limonite ou d'oligiste au-dessous ou au-dessus d'une couche de calcaire. Les raisons chimiques de ce rapprochement très fréquent ont été discutées ailleurs. Mais, étant donnée ici la pénétration des eaux séléni-niteuses à travers les couches de calcaire, il se produit d'autres phénomènes non moins frappants. Ces eaux qui doivent contenir de l'acide sulfurique libre, provenant de la décomposition des pyrites, ne tarderaient pas à creuser de grandes cavernes dans le calcaire, en même temps que leur hydroxyde de fer serait précipité; de sorte que dans les cas où le creusement des cavernes n'avancerait qu'au fur et à mesure de la précipitation, il en résulterait une substitution de matière plus ou moins com-plète, une couche de calcaire étant remplacée par une couche de fer oxyde-hydraté. Mais si la dissolution du calcaire par les eaux acides avait lieu assez vite pour que l'oxyde de fer ne pût le remplacer, il en résulterait des cavernes ; ou l'infiltration des eaux, en des points spéciaux, donneraient naissance à des stalactites quand les cavernes auraient atteint certaines dimensions.

Le résultat de la pénétration d'eaux ferrugineuses dans des cavernes déja formées, serait une production sur les parois de stalactites d'oxyde de fer. Il y a plusieurs exemples de ce mode de production de minerais de fer en Pennsylvanie. Il ne faut pas le confondre avec les réactions chimiques en vertu desquelles les couches de calcaire sont rarement dépourvues de dépôts de minerais de fer sur leurs bords. Dans ce cas, il s'agit simplement de l'évaporation de l'eau dans laquelle les sels de fer sont dissous et qui, pénétrant le plafond, tombent goutte à goutte sur le sol des cavernes.

Mine de zinc de Bamford comté de Lancaster, (Pennsylvanie), située dans le township de East Hempfield à environ 8 kilomètres à l'Ouest de la ville de Lancaster.

La Mine de Bamford a été exploitée pour l'oxyde de zinc blanc il y a vingt ou trente ans.

Un affleurement près de l'usine, montre un calcaire incliné N. 20° E. — 32°. Ce calcaire richement imprégné de blende avec des parties plus ou moins argentifères de galène, a environ 4 mètres d'épaisseur.

Il y a deux puits (portant les Nos 1 et 2) sur deux couches différentes. Le premier est près de la fonderie et du chemin de fer. Le n° 2 est à environ 15 mètres plus loin.

A la surface, l'inclinaison paraissait être ± N. E. mais elle changea à environ 4 mètres au dessous de la surface et sembla devenir ± S.-O.

Un puits a été ouvert dans l'affleurement de la couche N⁰ 2 au Nord-Est des deux précédents, et on a trouvé beaucoup de calamine (peut-être 50 ou 60 tonnes anglaises).

Ci-joint nous donnons une analyse de la Blende par M. Spilsbury. La Blende que l'on rencontre ici est d'une couleur d'or brillante, on lui donne le nom de résine de Blende. Elle est très pure — la seule impureté que j'y aie trouvée est une légère trace de fer et de Cadmium, et une petite proportion de plomb qui y est mêlée mécaniquement. La moyenne de quatorze analyses qui ont été faites de ces Blendes à diverses époques donne.

Zinc	65.87	p. %
Soufre	32.28	»
Fer	81	»
Plomb	34	»
Cadmium	07	»
	99.37	p. %

Le pour cent de Blende dans le filon varie beaucoup, mais la moyenne d'une année d'exploitation donne environ 17 à 18 pour cent.

GRÈS MÉSOZOÏQUE OU NOUVEAU GRÈS ROUGE.

Cette formation s'étend tout le long de la frontière N. O. du pays, en une large nappe qui s'étale vers le N. E. ou vers le comté de Berks. Il est évident qu'elle a recouvert autrefois une grande partie de la surface dont elle a été aujourd'hui, enlevée par dénudations. Il faut noter dans ce massif du grès triasique, le grand *calcaire,* en forme de bassin irrégulier à bords sinueux, qui se trouve à moitié de distance environ entre les limites Est et Ouest, du comté de Lancaster. La principale ville de cet îlot est Ephrata; il n'est rattaché à la grande masse calcaire de Lancaster que par un isthme étroit, donnant issue à l'étroit courant d'eau qui s'échappe du bassin orographique formé par ce calcaire.

Les parties marginales de ce bassin sont composées des mêmes phyllades qui jouent un rôle si important dans la série du calcaire; mais elles sont ici brisées en petits fragments anguleux que les paysans quelquefois appellent improprement gravier, bien qu'ils diffèrent du gravier par ce caractère très important, qu'ils ne sont pas arrondis. Ces lits de schistes morcelés ne diffèrent lithologiquement, par aucun caractère des lits analogues qui se rencontrent dans la série du calcaire, aussi est ce plutôt une affaire topographique que lithologique de tracer la limite de ces formations.

Avec beaucoup de pratique, l'œil s'accoutume à distinguer les collines composées de cette manière des collines de schistes. Très souvent cette forme de la colline est le seul caractère sur lequel on puisse se baser pour reconnaître la stratigraphie: la roche fondamentale étant recouverte par des masses d'argile et des formations superficielles.

Ces couches avec les schistes et les chloritoschistes situés

quelquefois par dessous, semblent être ici, comme dans la
formation silurienne, un gisement important de minerais de fer.
Aussi a-t-on fait beaucoup d'efforts parfois couronnés de
succès, pour établir, des exploitations de minerai de fer dans
le grès rouge.

Ces couches ici comme dans leur position normale, contiennent des pyrites à divers états de décomposition. La
fréquence des filons de dolérite fait que les oxydes auxquels la
pyrite donne naissance, deviennent fréquemment magnétiques ;
mais dans les limites du comté de Lancaster, ces oxydes
jusqu'à présent n'ont pas été découverts en quantités exploitables. La célèbre mine de Cornwall, est un exemple de l'effet
que la proximité immédiate des filons éruptifs peut produire
sur les minerais de fer de cette formation ou des formations
de phyllades et de schistes, immédiatement inférieures. Il est
possible que ce dépôt se continue plus loin dans les collines du
township Elisabeth, au Sud de la limite du comté de Lancaster.

Ces schistes remaniés qui constituent la bordure du massif
de grès rouge, ne paraissent pas exister au bord de la rivière,
mais ils sont faiblement représentés près de *White Oak*, P.O.,
qui n'est pas loin de la direction de ces assises au-delà de
Bainbridge.

Nous avons déjà suggéré, que les irrégularités du grès
rouge au bord Sud, pouvaient être dües à des différences dans
la puissance de l'érosion. S'il en était ainsi, il serait facile de
rapporter à l'absence de fragments brisés de schistes, la
proximité de la route suivie par les eaux d'un grand fleuve
comme la Susquehanna, et aussi à l'inflexion brusque du massif
mésozoïque vers le Sud, qui est ainsi rapproché de la rivière.
En tous cas, on trouve que cette fragmentation caractérise une
très grandepartie (mais non la totalité), du prolongement Sud-
Est du grès triasique, vers les frontières du comté de Berks.

Ainsi qu'on l'a dit ailleurs, le grès rouge qui donne son

nom à cet ensemble de couches variées, qu'on a appelé Mésozoïque ou bien Trai-Rhétique-Jura, s'étend du Massachusetts jusqu'à la Caroline du nord, en trois zônes principales distinctes. La première bande est celle à laquelle Dana et d'autres savants ont donné le nom de vallée du Connecticut, et qui est remarquable pour sa richesse en vestiges de Sauriens. Cette bande se termine au bord du canal de « Long Island. » Il y a plus de 100 kilomètres d'intervalle entre cette bande et celle qui commence à New Jersey.

Mais chose étrange, toutes les inclinaisons de ses couches sont S. et S. O.; tandis que toutes les inclinaisons qui ont été relevées dans la bande qui traverse New Jersey, Pennsylvanie, Maryland, et la partie septentrionale de Virginie sont N. et N. O. Cette disposition est identique à celle d'un vaste pli anticlinal dont la partie occidentale dans la New England, et la partie orientale dans les Middre States, auraient été enlevées. Ce qui rend cette hypothèse encore plus vraisemblable, c'est qu'une troisième bande, située au sud et à peu près dans la direction de l'axe supposé, présente deux faisceaux de couches opposées à l'inclinaison, et accusant manifestement leur disposition bombée.

La partie de cette zone médiane de grès triasique que nous allons étudier, s'étend des environs de Philadelphie vers le S. O., où des roches siluriennes inférieures se trouvent en contact avec les roches Mésozoïques, jusqu'à la South Mountain qui représente une langue étroite de roches anciennes pénétrant entre deux formations plus récentes.

Comme les autres formations, l'affleurement des couches Mésozoïques éprouve dans la vallée de la Susquehanna une déviation vers l'est qui transforme l'inclinaison moyenne des couches N. 25 O., en N. 10 O. ou même N.

Les couches Mésozoïques remplissent tout l'intervalle compris entre l'angle avancé de la South Mountain près de la

Susquehanna et le commencement des élévations éozoïques sur cette ligne, près de la ville de Reading. La limite
occidentale traverse la frontière de Maryland près de Fairfield, passe ensuite au N. O. de Arendtsville à Whites-
town, longe la South Mountain jusqu'au voisinage de Dils-
burg, où cette première partie se termine. Sa limite suit à
peu près au-delà, la frontière du comté d'York, où elle
constitue de petites collines, qui dominent les prairies du calcaire silurien; elle traverse ensuite le fleuve en entrant dans le
comté de Lancaster et poursuit sa direction vers l'est, par
Hummelstown, Campbelltown et Cornwall (si important par
ses riches mines de fer); elle quitte au-delà la région de
notre carte.

Les limites orientales de ce massif en Pennsylvanie, se
trouvent à 25 kilomètres à l'Est; elles descendent en ligne
droite au N. E., longent le versant occidental des « Pigeon
Hills» où elles s'infléchissent un peu au Nord. Cette ligne se
dirige ensuite vers le faîte de Chikis qui se trouve dans le comté
d'York, traverse le petit hameau de Bainbridge, puis se recourbe
à l'Est où elle décrit des sinuosités irrégulières comme celles du
bassin d'Ephrata. Une inflexion brusque l'amène au-delà, près
l'extrémité Est de « Welsh Mountain », traverse au Sud la
rivière Schuylkill, et arrive aux confins de notre district à
Valley Forge.

Comme il sera expliqué plus tard, les limites de la formation Mésozoïque en Pennsylvanie représentent respectivement,
les termes supérieurs et inférieurs de cette série, par suite
de l'inclinaison monoclinale de tout le massif mésozoïque:
dans les deux cas, la formation se termine par des poudingues calcaires. Rogers s'était déjàdemandé où il fallait chercher
dans cette série le représentant du marbre de Potomac. Les
roches du haut et du bas se ressemblent en effet en ce que
toutes les deux consistent en une masse rouge et grise de calcaire,

dans laquelle sont renfermés des galets arrondis d'un autre calcaire (ordinairement du calcaire bleu du Silurien inférieur). Mais ni l'un ni l'autre de ces deux poudingues ne conserve ses caractères sur de grandes distances; ils passent à des roches de texture et de qualité différentes, et il n'y a que quelques endroits où la roche puisse être exploitée comme pierre à bâtir ou d'ornementation. Les carrières les plus importantes, et qui ont valu son nom à cette espèce de marbre sont sur les rives du Potomac; d'où le nom de *Marbre de Potomac*. Outre les carrières au Sud de la ligne Manson et Dickson (limite méridionale de Pennsylvanie), il y a un affleurement de cette roche plus ou moins exploitable au pied de la South Moutain près de Dillsburg; un lambeau de calcaire se montre dans la même zône, qui ressemble au calcaire bleu Silurien Inférieur d'une manière étonnante. Après avoir été polie, la roche présente à la scie une surface bigarrée de galets de toutes grandeurs.

L'autre poudingue (celui du bord oriental), semble être également applicable aux usages industriels; mais à la connaissance de l'auteur, il n'a jamais été employé ainsi.

Il serait hors de propos de donner ici les nombreuses coupes détaillées relevées dans la région mésozoïque; nous tacherons de résumer succinctement les principaux résultats.

La première coupe publiée dans notre rapport allait de Dillsburg à la limite du grès rouge près d'York. Un petit plissement se remarque au commencement de cette coupe, au pied de la South Mountain; le calcaire de Potomac incline S. 10° E. — 40°, puis au bout de 122 mètres, les couches argileuses, le grès etc., inclinent O. 8° N. — 22°. Un kilomètre plus loin en suivant cette coupe (S. 37° 40′ E), un poudingue de calcaire gris s'incline S. 10° E. — 28°. 1524 mètres plus loin se trouve un poudingue semblable; si on suppose, que ce dernier calcaire, comme c'est probable, partage l'inclinaison des couches au dessus de lui, nous devrions reconnaître ici une cuvette calcaire, dont la distance entre les deux bords est 2.4 kilomètres.

Pour la troisième fois, en poursuivant la direction de cette coupe, on observe encore une inclinaison de S. 10° E. — 30° ; mais il y a ici un important gisement de roches ignées dont l'injection dans les argiles était opérée avant la désagrégation du grès mésozoïque. Du reste cette inclinaison des couches mésozoïques au S. E. est exceptionnelle.

Un plan de clivage à inclinaison E., se modifiant vers S. 40° E, sur la longueur de 11.2 kilomètres, nous suggère comme explication possible des phénomènes observés, l'application d'une pression venant de l'Est. L'effet produit étant semblable à celui qu'on obtient en pressant fortement l'une contre l'autre les tranches des cartes. La pression exercée sur les couches flexibles entre des couches résistantes, les force à se recourber.

Naturellement cet effet serait identique si la pression était exercée horizontalement, ou si il était dû à un affaissement du fond de la cuvette, produit par la pesanteur de toutes ces roches contre les parois latérales éozoïques, comme les Pigeons Hills' et les Collines de Codorus à l'Est, et la South Mountain à l'Ouest. L'action de la pesanteur produirait les mêmes effets que si les deux côtés opposés se rapprochaient, à cela près que le mode de fracture des roches aux bords de la formation ne serait pas le même dans les deux cas.

C'est à dire que si la pression était due, à un affaissement du massif de grès rouge, leurs tranches se seraient nécessairement contractées, amenant ainsi des étirements et des lacunes sur les bords où les roches perdaient en épaisseur. Au contraire, si les machoires d'un étau de ce genre se rapprochaient, les bords seraient écrasés et forcés sur les parties voisines de la formation ; au lieu de lacunes on aurait un écrasement plus fort.

Dans l'un comme dans l'autre cas, les dépôts d'argiles seraient assez fréquents.

Il est à remarquer que la concentration des roches ignées aux bords du grès rouge pourrait bien être une suite des actions que nous supposons ici.

Notre coupe vue d'ensemble, présente des affleurements Mésozoïques sur une étendue de 28 kilomètres, entrecoupés par de fortes masses ignées, et affectés à l'extrémité Ouest, de deux plissements. La moyenne de l'inclinaison ne dépasse pas 25°.

Une coupe subsidiaire prise au Sud, et longue de 3.6 kilomètres, ne change aucunement les conclusions qu'on tire de celle-ci. Dans les deux cas, les plissements indiqués par les inclinaisons vers le S. E, ne sont fortement accusées qu'à l'Ouest des filons de roches éruptives.

Une autre coupe, d'une longueur de 11 kilomètres, de Cashtown à Gettysburg, ne change rien à ce qui précède. Il n'y a presque pas de modifications à l'inclinaison dominante N.O.

Enfin une coupe de 13 kilomètres, de Gettysburg à Littlestown, se conforme à tout ce qui a été dit.

De la position du Grès rouge Américain.

Des tableaux comparatifs des formations de l'époque mésozoïque en Amérique et en Europe n'ont pas encore été proposés. Nous donnons ici un essai de comparaison des couches en Angleterre et en Allemagne (¹), avec une liste des matières minérales observées dans le N. E. des Etats-Unis.

---

(1) Cotta « Geologie des Gegenwart. »
Section de York à Dillsburg. Rapport C 1875; *Second Geological Survey of Pennsylvania.*

	Angleterre.	Allemagne.	Amérique du Nord.
Jurassique.	Oolithe inférieur Lias	Terrain jurassique (charbon bitumineux et calcaire. Grès au-dessous).	
Triasique.	Marne supérieure	Keuper. (Grès, Marne et Gypse)	Conglomérat calcaire supérieur.
	Grès		Grès rouges et grès verts micacés.
	Marne inférieure	Lettenkohle avec grès et schiste argileux	Minerais de fer (cuivreux). Grès vert et gris. Argile.
	Grès de Newent	Muschelkalk supérieur	Grès bleuâtre. Grès rouge.
	Conglomérat de Hatfield	Gypse. Anhydrite et sel gemme	Minerais de fer. Grès rouge. Schistes et argile rouge. Schistes verts.
		Muschelkalk inférieur (Calcaire ondulé) Rôth Gypse et sel gemme Bunter Sandstein	Grès gris et vert. Roche argileuse bleue. Grès rouge grossier avec Cailloux de quartz.
Permien.	Calcaire magnésien et schiste marneux	Zechstein supérieur Calcaire fétide, Dolomite Gypse et sel gemme	Charbon et schistes charb. Horizon cuprifère inférieur.
	Gypse marneux		Schiste jaune-verdâtre. Schiste rouge à lamelles fines.
	Nouveau grès-rouge inférieur	Zechstein inférieur et Kupferschiefer Rothliegendes supérieur (Conglomérat et grès) Rothliegendes inférieur Grès Argile schisteuse et argillites	Schiste rouge. Grès rouge. Schiste vert. Grès rouge argileux. Schiste. Grès gris massif. Grès rouge entre les couches de schiste. Schiste rouge. Schiste gris brunâtre. Conglomérat calc. inférieur.

NOTE. — Nous ne présentons pas la colonne de droite ou américaine, comme arrangée parallèlement aux deux autres; elle contient simplement une liste des variétés de roches rencontrées du N. O. au S. E. en suivant la ligne la plus étendue du Mésozoïque, dans le comté d'Adams, Pennsylvanie.

Le faisceau inférieur (le plus méridional), des couches

mésozoïques dont la largeur est de 3,2 kilomètres, est composée suivant Rogers de quartz grossier d'un gris rougeâtre avec des couches accidentelles de grès congloméré. Il est à découvert au dessous de Yardleyville. Les matériaux dont ces couches sont formées, sont en général du quartz et du feldspath, mêlés de hornblende avec une petite quantité de mica, les poches de la roche sont remplies d'une grande quantité de peroxide de fer jaune hydraté.

Au-dessus de cette bande mésozoïque est un autre faisceau aussi d'environ 3,2 kilom. de large, dont la roche dominante est un grès rosé à gros grains, composé de table quartzeux transparent, tacheté de feldspath à kaolin, avec ça et là des cailloux plats et des éclats de schistes rouges compactes ou de grès rouges argilacés. Cette bande fournit à l'industrie les meilleurs matériaux à bâtir de la formation tout entière.

En admettant l'inclinaison moyenne donnée par le Professeur Rogers de 18° à 20°, et la largeur de 48.3 kilom., ainsi que la disposition monoclinale de ces couches, nous trouvons pour cette formation de roches Mésozoïques inférieures, l'énorme épaisseur perpendiculaire de 15,7 kilom. Epaisseur égale à environ la moitié de toutes les formations prises ensemble, à l'exception de la plus basse qui est inconnue : c'est-à-dire supérieure de 335 mètres à l'épaisseur de toutes les strates de la Pennsylvanie (telles qu'elles ont été estimées par Dana), à l'exception du Triasique, qui comme il le remarque « peut ajouter quelques milliers de pieds en plus. »

Un des traits caractéristiques de ces couches singulières est leur couleur rouge, indiquée suffisamment par leur nom populaire « Nouveau Rouge » (pris dans leur ensemble), et Bundsandstein quand on ne l'applique qu'à une partie. Il est difficile de déterminer avec une probabilité raisonnable d'où est venue cette masse de fer, et quel rôle elle a joué dans l'histoire des dépôts auxquels elle est associée. On a imaginé

pour expliquer cette couleur rouge, différentes théories ingénieuses, qui ont plus ou moins de vraisemblance. Tout le monde
cependant , doit convenir que la cause immédiate de la
couleur, est la présence dans ces roches d'une grande quantité
d'oxyde de fer plus ou moins hydraté. Nous n'avons
pas besoin de nous occuper ici de la question de savoir
d'où provient tout le fer qui a coloré ces énormes masses de
roches répandues sur tout le globe. Quelques-uns ont supposé
que son origine est cosmique, c'est-à-dire qu'un immense
météore, ou plusieurs millions de petits, sont entrés dans
l'atmosphère de la terre, s'y sont brûlés et ont couvert ces mers
d'une pluie de poussière rouge.

Il est beaucoup plus intéressant de savoir combien il
existe de fer dans un volume donné de ces roches, car la
réponse à cette question peut avoir une portée considérable
sur la théorie de l'origine des minerais de fer mésozoïques.

Il a été souvent remarqué (et cette considération n'a pas
besoin d'être démontrée ici) que toutes les couches du Grès
Rouge, ne sont pas rouges. Au contraire, peut-être une moitié
de toute la série du grès américain, présente à l'œil cette couleur gris de plomb qui est caractéristique des roches longtemps
lessivées par la pluie et qui ont été ainsi privées de leur fer. Le
reste, (principalement des grès) montre, comme il a été dit ci-
dessus, toutes les nuances du rouge, depuis le rouge brun
sombre si familier aux yeux à New-York et à Philadelphie, dans
les façades de beaucoup de maisons particulières, jusqu'au grès
légèrement teinté de rose, et par cette raison rappelant davantage les grès Tertiaires. Un bel échantillon (n° 1304 Catalogue
Report of 1875) de la variété la plus commune a été réduit en
poudre et examiné par l'auteur après avoir été soigneusement
mélangé.

La densité de la roche a été trouvée de 2.615

Grammes.

Un gramme contient : fer métallique   0.027598
     »   sesquioxyde de fer 0.04
Un centimètre cube de la roche pèse   2.615
Contient : sesquioxyde de fer   0.1046

Chaque mètre cube de la roche contient 104.6 kilos de sesquioxyde de fer. Donc pour chaque kilomètre de long, 20 mètres d'inclinaison et un mètre d'épaisseur, il y a 2,092,000 kilos, équivalant à 2092 tonnes métriques. Il est évident que si tout ce fer a été concentré par l'érosion et le lavage, toutes les mines de fer qui bordent le Grès Rouge peuvent être attribuées à cette cause. Il est bien entendu que cela ne prouve pas l'origine de toutes ces mines ; mais pourtant c'est un point dont il faut tenir compte.

Le Grès Rouge de l'Amérique Orientale n'occupe pas généralement la place qu'il devrait occuper au-dessus des couches Carbonifères et Permiennes. Il constitue une bande qui coupe obliquement les limites des couches beaucoup plus anciennes que celles qui le précèdent dans la série normale. On ne rencontre presque jamais sous ces couches rouges aucun élément de formation plus élevé que le Silurien moyen, tandis qu'il repose le plus souvent sur des roches Huroniennes et autres roches Archéennes. Une partie de ces roches sont riches en fer et peuvent être à bon droit considérées comme les sources du métal dans la série Mésozoïque. Une partie d'entre elles sont dépourvues de fer, mais jusqu'à présent on n'a pu constater son absence dans celles sur lesquelles repose le grès Rouge.

Minerais Mésozo¨ques, comté d'Adams.

L'existence du cuivre dans les schistes et les grès de l'époque Mésozoïque est connue depuis longtemps, et beaucoup d'industries qui emploient le cuivre tirent leur matière première de cette source. Toute la bande de minerais de fer micacé et spéculaire qui s'étend le long de la frontière Nord-Ouest du Grès Rouge est saturée de sels de cuivre, et on trouve souvent des couches cuprifères parmi les roches des parties centrales du bassin.

Un des dépôts récemment découverts se trouve à environ 8 kilom. à l'Est de la ville de Gettysburg, au hameau de Bonnaughton.

A environ 3oo mètres de la route, dans un champ, est une excavation où on remarque beaucoup d'échantillons de malachite répandus sur la surface du terrain. Là les roches ont été très dérangées et brisées. Le plus homogène de ces affleurements se compose de grès rouge, dur et compacte, en grands blocs, mais en blocs cependant entrecoupés par d'innombrables plans de clivage.

L'inclinaison générale est environ au N. O. — 3o°. Les couches cuprifères ont environ 3o centimètres d'épaisseur, mais l'argile et les roches qui sont au-dessus et au-dessous sont aussi très imprégnées de cuivre. Quelques-unes des roches qui les accompagnent sont calcaires, et chargées de petits prismes de quartz parfaitement transparent. On trouve dans certains grès la trace de cubes de pyrite plus ou moins hydroxydés.

La direction de ces veines cuprifères semble se poursuivre au moins sur 16 kilom. de chaque côté.

La portion qu'on pourrait appeler une *veine* de minerai

de cuivre, suivant l'expression admise, a environ 3o centim. d'épaisseur. C'est-à-dire que la matière argileuse désagrégée qui compose ces 3o cm. d'épaisseur est assez verte pour mériter d'être appelée minerai.

Ce filon a été choisi, et nous avons fait trois dosages du cuivre qu'il contenait.

Voici quel est le résultat de nos dosages :

Résidu siliceux insoluble		79.73	
Sesquioxyde de fer présent (plus de 5 %) indéterminé.			
Cuivre par l'électrolyse		2.65	Moyenne
Cu. { Par la méthode de Rose		2.55	
Par la méthode de Pfaf		2.40	2.53
Par la méthode de Luckow		2.65	

Une autre mine a été ouverte à environ 2.2 kilom. N N. E. de Fairfield.

Au point où était autrefois l'ouverture d'une mine de fer magnétique exploitée il y a quarante ans pour le haut-fourneau Maria, on a creusé un puits.

A environ deux mètres du fond de ce puits, dans une galerie s'étendant à environ 8 mètres ± S. 20° E. le grès dur et cassant incline N. 20" O. — 22°. L'assise exploitée a été atteinte à environ 1 mètre au-dessous du fond du puits actuel. Le dépôt des phyllades cuprifères a environ 1/2 mètre d'épaisseur au fond du puits.

Ce gîte se trouve plus au moins entre les assises, mais il y a des filons de minerai qui les relient ensemble. On voit maintenant très peu de magnétite au fond.

A environ 4 mètres au-dessus du fond du puits, une autre galerie court au S. O. ± 6 mètres en pente. L'entrée est du côté Ouest du puits. Il y a une courte pente d'environ 6 mètres sur le côté Est du puits, et vis-à-vis l'ouverture supérieure. Cette dernière est reliée à un canal d'aérage. Dans la galerie supérieure il y a une quantité de fer magnétique en masses floconneuses.

A environ 13 mètres N. O. de ce puits en est un autre de 13 mètres de profondeur, dans lequel on traverse le fer magnétique, mais on n'y atteint pas le cuivre.

A 3oo mètres environ au N. O. de cette mine, est une carrière de calcaire conglshowméré recouvert de phyllades schisteuses. Les couches sont presque horizontales; il n'y a qu'une légère indication d'inclinaison O. N. O.

Ce dépôt paraît semblable à celui que nous avons décrit en commençant, et les échantillons sont principalement des masses impures d'argiles schisteuses, revêtues à l'extérieur de malachite, et plus ou moins imprégnées de sels de cuivre.

Il y a sans doute une relation entre la présence du cuivre dans les argiles schisteuses Mésozoïques, et les dépôts de cuivre des séries Huroniennes voisines de la South Mountain, quoiqu'il n'y ait pas maintenant de concordance dans la direction des deux affleurements. Ce dépôt cuivreux parait faire partie des couches supérieures ou les plus récentes de la série Mésozoïque, tant à cause de sa position *apparente*, se trouvant au côté Nord-Ouest d'un bassin où les inclinaisons sont en général au Nord-Ouest, qu'en raison de sa proximité du calcaire conglshowméré supérieur « Marbre du Potomac? », représenté dans une carrière qui n'est qu'à 3oo ou 4oo mètres de distance, et dont les couches sont presque horizontales.

Une autre mine se trouve au bord de la route qui forme la frontière entre les townships de Hamiltonban et de Liberty, et à environ 2.2 kilomètres S. O. de Fairfield.

La roche ressemble à un grès vert, argileux. L'inclinaison est obscure, quelques indications donnent environ E. — ±. 48°(?). Comme dans la dernière mine, la présence du cuivre est indiquée par des taches vertes suivant les plans de clivage de stratification des roches. Elle n'est pas exploitée quant à présent.

Entre cet affleurement et la ville de Fairfield qui se trouve à environ 2.2 kilomètres au Nord-Est, il y a plusieurs carrières de calcaire ouvertes dans le même conglomérat, mentionné précédemment. Une de ces carrières à peu de distance S. O. de Fairfield montre un conglomérat de calcaire bleu dont l'inclinaison semble E. 20° S. — 62".

Une carrière sur l'embranchement Est de la route, montre une inclinaison de N. 20° O. — 80". Ces inclinaisons sont compatibles avec ce qui a été remarqué ailleurs sur la structure des couches Mésozoïques, sur les bordures tant N. O. que S. E. du massif. Cette structure est caractérisée par une série d'inclinaisons plus rapprochées de la ligne verticale que celles qui sont dans le corps de la formation ; et de quelque manière qu'on les explique, ce sont d'excellents guides pour reconnaître ces couches qui forment son horizon supérieur ou inférieur.

Ces deux gisements de minerai de cuivre se trouvent presque sur une ligne E. 30° N. et à une distance de 4.6 kilomètres l'un de l'autre. Cette ligne est à peu près parallèle à la direction moyenne de la South Mountain qui en est rapprochée ; et en est probablement au même horizon des argiles schisteuses mésozoïques.

De l'affleurement inférieur de minerai de cuivre de la contrée de Musselman, la route monte rapidement au S. O. à environ 800 mètres, sur le col qui paraît relier la protubérance à son extrémité, avec la chaîne principale de la South Mountain à l'Ouest.

Région voisine de Dillsburg.

Les minerais magnétiques et spéculaires qui se rencontrent dans les limites du massif de grès Mésozoïque, et dont le petit groupe de mines autour de Dillsburg forme à la fois un exemple frappant et une fraction importante, diffèrent sous plus d'un rapport des affleurements de ces oxydes dans d'autres formations.

Il semblent appartenir à la série Mésozoïque, et non à une autre; d'abord, parce qu'une même variété de minerai micacé éminemment caractéristique de ces dépôts se retrouve dans toutes les localités de mines de fer de cette formation; depuis les plaques massives qui remplissent plus ou moins régulièrement les interstices entre les roches arénacées argileuses, les trapps, les schistes, jusqu'aux paillettes dispersées légèrement répandues sur les surfaces des jointures et les crevasses des couches sédimentaires. De plus on ne trouve nulle autre part, une semblable série.

Le prof. Rogers dans son rapport Final (vol. II, part. II, p. 763), récapitule les veines métallifères du grès Mésozoïque, en remarquant qu'elles ne sont pas associées à des filons de roches trapéennes, mais qu'elles sont des émanations métallifères indépendantes. En énumérant les différentes espèces de minerais, il est assez singulier qu'il ne parle pas de ceux dont il est question en ce moment, quoique plusieurs d'entre eux aient été exploités depuis longtemps dans le voisinage de Dillsburg. Les minerais de Cornwall, dans la mine Jones, ont été rattachés à de plus anciennes formations.

Les minerais de Dillsburg sont des blocs plus ou moins résistants de minerai spéculaire et micacé, empâtés dans l'argile. Leur aspect général est d'un vert sale et sombre, avec des lignes de minerai pulvérulent noir et brillant. Ils sont déposés très irrégulièrement, mais presque tous sans exception peut-être, se trouvent dans les joints de roches de cette série Mésozoïque.

Une section idéale au Nord de la mine de Grove le démontrera. La région est très couverte de roches désagrégées, argileuses ou arenacées et on trouve très peu de surfaces à découvert dans le voisinage de Dillsburg.

Les roches trappéennes sont celles qui ont le mieux résisté aux intempéries atmosphériques, et règle générale dans cette région leur inclinaison correspond à celle des couches entre lesquelles elles ont coulé. Après la roche trappéenne celles qui résistent le mieux à l'action désintégrante de l'eau et de l'atmosphère, sont les roches métamorphisées et endurcies de vases et de grès argileux, qui souvent forment le toit ou le mur, ou parfois les deux salbandes de ces veines.

L'histoire du dépôt du minerai dans cette partie de la de région Dillsburg semble pouvoir se résumer ainsi : 1° Dépôt de matière ferrugineuse le long des plans de couches du grès rouge, d'une manière irrégulière ; 2° Présence d'une grande faille (et probablement de plusieurs) suivant un plan de clivage ou une jointure, dirigée Nord-Ouest et Sud-Est et à inclinaison peu accentuée ; 3° Changement de roches schisteuses en roches cristallines métamorphisées ressemblant aux Trapps, et transformation d'oxyde de fer plus ou moins hydraté en minerais magnétiques et spéculaires.

La couleur verdâtre de ces minerais tendres, quand elle ne vient pas de l'oxydation de cuivre, est due au mélange des argiles schisteuses inférieures des chloritoschistes et phyllades avec le minerai de fer, et indique sans doute qu'au moins une partie de ce minerai provient de leur existence dans les plus anciennes argiles schisteuses. Mais même s'ils proviennent entièrement de cette source, ils ont dû être régénérés dans le cours de leur transfert aux couches du Grès Rouge. Cela paraît hors de doute.

Les observations de presque tous les géologues qui ont étudié le grand dépôt de minerai de fer de Cornwall, s'accordent à attribuer sa conservation à plusieures masses de roches trapéennes dures qui ont résisté à l'érosion, et sans lesquelles les minerais tendres non protégés de cette manière auraient sans doute été détruits. On ne sait pas bien clairement, la quantité de particules magnétiques de ces minerais qui proviennent des roches trapéennes elles-mêmes. Il est probable qu'une grande partie dérive de cette source ; mais quoiqu'il en soit, il n'en est pas moins très significatif que les deux murs de roches trappéennes qui se trouvent près de ces mines, renferment ou recouvrent le plus grand nombre des dépôts productifs.

Un problème intéressant qui se rapporte non-seulement aux minerais de la région de Dillsburg, mais encore à la structure du massif lui-même se pose ici. On a observé trois affleurements parallèles de minerai, à la distance de quelques centaines de mètres l'un de l'autre, et la théorie généralement acceptée, est que ces affleurements correspondant à la direction des couches de grès elles-mêmes, étaient la surface exposée d'une veine principale, qui avait été trois fois amenée à la surface par des failles de peu d'importance, mais parallèles. Il est aisé de voir que si on pouvait prouver l'existence de ces failles au bord de ce bassin mésozoïque, on aurait une explication simple et naturelle de la grande étendue de ces couches triasiques, par la simple répétition de cassures semblables à l'intérieur du bassin. Ces failles auraient ramené plusieurs fois les mêmes couches, dont l'extension aurait été ainsi étendue. Il va sans dire que si le travail de mine avait été poussé assez loin pour suivre une de ces couches au-dessous des autres, la question aurait été résolue négativement, mais cela n'a pas été fait.

Nous avons fait une observation utile pour la solution de cette question. Nous avons trouvé un grand filon de Dolérite de quatre ou cinq mètres d'épaisseur, qui comme plusieurs autres filons de cette région, suivait un plan de clivage à travers les plans de couches ; si l'on vient à comparer les profondeurs auxquelles ce filon est rencontré, par les trous de sonde en différentes parties de la concession des mines de Dillsburg, on reconnaît le fait que sa surface supérieure suit une surface mathématiquement plane. (voir CC p. 320.)

Ce fait si concluant pour la structure et l'allure du filon, nous force de rejeter l'hypothèse de fissures amenant successivement à la surface la même veine de minerai; à moins qu'on ne suppose que les dislocations n'aient eu lieu avant l'injection de la roche en fusion. Dans ce cas, il faudrait de plus supposer comme résultat de la dislocation, que deux plans de clivage indépendants, exactement de même inclinaison ont été rapprochés, de manière à ce que leurs deux lignes d'intersection s'accordent exactement sur les parois opposées de la fissure.

Nous avons cité 13 exemples de localités où on trouve le minerai micacé, dans les différentes roches Mésozoïques du comté d'York et où le fer oligiste se trouve en plus ou moins grande quantité. On peut citer presque à l'infini des exemples de fer micacé dans ces roches, et dans les roches analogues de Grès Mésozoïque.

C'est un fait important cependant que presque toutes, sinon toutes ces localités, sont situées *du côté occidental* de la Susquehanna, vers la ligne du Maryland.

Les localités où l'on a plus ou moins observé du minerai micacé, sont choisies au hasard sur une étendue de 32 kilomètres carrés. Quelques-uns des plans suivant lesquels ce minerai a été observé avaient une disposition normale à la stratification du Grès Mésozoique de la Pennsylvanie moyenne ; d'autres veines de minerai avaient une direction tout à fait opposée et présentaient différents degrés d'inclinaison. C'est-à-dire qu'une certaine partie de ce minerai était déposée le long des plans de couches, et suivant différents plans de clivage.

Il y a donc eu une grande dissémination de matière ferrugineuse (quoique dans quelques localités elle ait été trouvée en quantité suffisante pour être exploitée avec profit), et quand on trouve un dépôt épais quelque part on a des chances d'en trouver d'autres dans son voisinage. Il nous semble donc qu'il n'est pas nécessaire de chercher à expliquer la présence de deux veines de minerai micacé, situées l'une près de l'autre, par répétition dûe à des failles.

La quantité de minerai micacé accumulée dans un dépôt dépend de causes entièrement inconnues. On le trouve en quantités très variables, depuis la masse solide de minerai noir brillant, de neuf à douze pieds d'épaisseur, jusqu'à la faible lueur des écailles cristallines qui ne peuvent s'observer que sous la lentille d'une forte loupe. Il semble que de quelque manière que le minerai micacé ait commencé à paraître, il est postérieur à l'époque Mésozoïque. En effet nous avons brisé et examiné un grand nombre de spécimens de grès, couverts plus ou moins complètement de minerai micacé, et dans aucun cas nous n'avons trouvé de minerai dans l'intérieur de l'échantillon solide. Dans quelques cas, il est vrai, on a trouvé des paillettes du minerai parallèles à celles de l'extérieur, mais cela provenait invariablement de ce que le mode de division de la roche faisait ressortir ce dépôt dans un plan de couche ou de clivage obscur.

Bibliographie récente.

Dans un mémoire lu par M. O. J. Heinrich devant l'American Institute of Mining Engineers en février 1878, et intitulé « The Mesozoïc Formation in Virginia », l'auteur répartit les divisions de la formation en quatre bandes.

L'étude lucide et soignée des roches qui caractérisent ces bandes, conduit M. Heinrich à classer les roches de la manière suivante : 1° conglomérats; 2° grès; (a) Pséphites siliceuses et feldspathiques, et (b) Psammites, matière argileuse avec du sable fin siliceux et quelques grains plus gros de quartz; 3° ardoises et argiles schisteuses; 4° calcaires; 5° charbon, (a) bitumineux, (b) carbonite, (c) coke naturel, (d) semi-anthracite, 6° roches ignées; 7° minéraux accessoires.

A l'aide de forages avec un foret à facettes, il divise les veines percées en sept groupes. Ses recherches le conduisent à conclure que les plus larges filons de roche trappéenne suivaient plus fréquemment les plans de stratification que les plans de clivage.

Une longue section le long du fleuve James, de Richmond à Scottsville, a montré un synclinal à M. Heinrich, entre les bandes mésozoïques occidentales et occidentales moyennes, et un anticlinal probable entre elles et les bandes orientales, où les roches semblent plonger sous des formations plus récentes vers la mer.

Le Professeur Fontaine (1) a proposé un groupement des affleurements du Mésozoïque antérieurement mentionnés et a fait remarquer un dépôt qui joue un rôle important dans le N. O. Ce ne sont ni des conglomérats ni des cailloux; dans

---

(1) Notes on the Geology of Virginia by W. M. Fontaine, Am. Journal of Science and Art. January 1879.

cette catégorie est classé le « Potomac Marble » qui se compose en entier de fragments de calcaire. Cependant, dans la bande de Pittsylvania; ces pierres sont le résultat de la désagrégation des roches granitiques et azoïques, qui sont dans le voisinage.

Dans ce Mémoire, des points très intéressants sont la description des bandes du Nord-Ouest et sous la chaîne de Catoctin; sa critique de la détermination de l'*Equisetum Rogersii* par Schimper; son assimilation des fougères à celles des couches « Rhétiques », ou leurs contemporaines; son assertion que le drift argileux à fragments Azoïques passe, sous le crétacé en Maryland; et ses conclusions sur la grande action érosive d'un glacier avant ou pendant la déposition de ce drift.

Dans l'examen des roches éruptives M. Russell soulève un point intéressant relativement à la forme en croissant des affleurements de roches trappéennes dans le Trias de la Nouvelle Angleterre et de New Jersey. Dans la première région les cornes du croissant sont tournées vers l'Est, et le côté convexe vers l'Ouest, tandis que dans la série du New Jersey l'ordre est renversé.

ROCHES IGNÉES DE LA RÉGION.

La première question qui se présente à l'esprit, au sujet des roches ignées de la région que nous étudions, c'est pourquoi on les trouve plus souvent dans le massif des roches mésozoïques qu'ailleurs? Quelle que soit l'épaisseur attribuée aux roches mésozoïques, et quel que soit le surcroît de pesanteur qui en dérive naturellement en ces points, on ne peut attribuer la fréquence des filons, à la plus grande pression ni à la plus grande chaleur. L'épaisseur des couches éozoïques adjacentes est aussi grande que celle des séries mésozoïques les plus importantes; c'est cependant sur ces terrains éozoïques qu'existent les pays les moins affectés par des agents volcaniques, et quoique çà et là les anciens filons se fassent voir, ce n'est nullement la règle mais plutôt l'exception ; tandis qu'on pourrait dire qu'il n'y a pas de terrain mésozoïque dans les Etats-Unis du Nord, sans ces roches éruptives. Cela fournit un argument assez fort en faveur de la théorie de l'origine des forces volcaniques à peu de distance de la surface de la terre; parce que si on attribuait l'action déterminante des filons à un soulèvement général du centre de la terre, on ne pourrait comprendre cette répartition irrégulière des masses éruptives, absentes dans les points découverts et concentrées dans les points où se trouve un recouvrement mésozoïque.

Les dispositions qu'affectent ces roches éruptives, sont aussi variées que les caractères des diverses espèces lithologiques rencontrées.

D'abord, on remarque la tendance des filons à accuser une direction N ou E, excepté près de la Susquehanna, où il y

a aussi dès filons dont la direction d'affleurement est **N. O.** et
N. E. Un nouvel argument pour prouver que le lit de la
Susquehanna a été tracé par une faille se présente ici; peu de
filons en effet traversent le fleuve, et aucun ne conserve sur les
deux rives la même direction.

Les roches ignées se présentent de deux façons différentes.
Elles sont en forme de filon uni ou sans embranchements ; ou
bien elles sont disposées comme les laves et les basaltes des montagnes Rocheuses, qui sous le nom Mesas forment des épan-
chements qui ont couvert un espace plus ou moins étendu,
mais dont les fentes ont déterminé les limites. Dans les deux
cas, il y a des régions de plusieurs dizaines de kilomètres
carrés, où on ne trouve que les fragments et blocs en place de
roches éruptives (comme par exemple près de Dillsburg etc.)

Toutes ces roches éruptives appartiennent aux syénites ou
aux dolérites, suivant leurs conditions de solidification; et on
les trouve réunies sur le même affleurement à peu de distance.
Par exemple dans les environs de Gettysburg, on trouve ces deux
espèces de roches réunies, parmi les débris de divers filons
qui s'y rencontrent. En général, on peut dire que la texture la
plus grossière, et la roche la plus amphibolique, caractérisent le
filon qui se trouve à l'Est et qui forme Benner's Hill etc., sur
les bords de Rock Creek.

La roche la plus massive et du grain le plus fin, est à
l'Ouest, dans le « Seminary Ridge » ; mais on ne peut trouver
des échantillons des deux variétés, qu'en suivant le faîte
oriental vers le Nord. De plus, l'influence du voisinage du
grès rouge sur les formations qui le bornent est indiscutable.
Çà et là on voit des filons éruptifs, qui traversent les limites
du mésozoïque et se perdent quelquefois à une distance très
considérable de la limite des roches éozoïques. Un exemple
en est fourni par le filon indiqué sur la carte du comté
de Lancaster, qui avait échappé à Rogers. Ce filon possède

du reste un intérêt de plus, en ce qu'il est le plus long,
à une seule exception, de la Pennsylvanie ; et qu'il parait avoir
eu une influence déterminante, sur la ségrégation des minerais
différents en plusieurs endroits de son parcours.

Les roches éruptives dont les sections minces ont été
examinées au microscope, sont toutes des roches ignées basiques. Ce sont, de plus, presque toutes, des dolérites à grains
plus ou moins fins. Cependant il est rare que l'augite qui
domine dans leur composition comme substance amphotéro-
litique (Naumann), ne se trouve pas associé à une certaine
quantité d'amphibole. En outre, trait assez singulier pour des
roches éruptives de ce genre, on remarque la présence fréquente
de quartz hyalin, parmi les minéraux généralement pauvres en
silice qui les composent. Au microscope ce quartz ne se montre
presque jamais cristallisé, mais il existe ordinairement en
grains amorphes comme du verre.

Le feldspath le mieux représenté et qui domine sur tous
les éléments constitutifs de ces roches, est le labradorite ; il se
montre en étroites lames, traversées suivant l'axe principal des
cristaux, par d'innombrables stries hémitropiques. Cependant
l'anorthite et l'oligoclase se trouvent entremêlés çà et là. Je
donne ici le résumé de l'étude de plus de cinq cent coupes
microscopiques. Les minéraux qui se trouvent, sans exception,
dans toutes les coupes sont les suivants :

Labradorite, les lames de ce minéral ont une longueur
qui varie depuis 2^{mm}, sur une largeur de $0,3^{mm}$, jusqu'à des
cristaux si petits qu'on ne peut les distinguer que par leur
influence sur la lumière polarisée. Ils offrent toutes les variétés
d'épaisseur relatives; mais ordinairement (d'après quelques
mesures prises au hasard) la proportion de l'épaisseur à la
largeur et à la longueur, doit être à peu près de 1 : 2 : 12).

Augite (Pyroxène). Ce minéral est après la labradorite, le plus fréquent. Il ne montre que rarement le

contour de sa forme cristallographique. Le plus souvent il existe en petites masses arrondies, et comme felées partout. L'angle de ces lignes de clivage entre eux est caractéristique du minéral (+ 87°).

Magnétite ne manque jamais, mais à forme cristalline rarement accusée. Le trait qui le distingue est l'opacité complète des coupes quelle qu'en soit la ténuité. Du reste, ces petites masses ressemblent quelquefois à des masses pyroxéniques, dans les coupes trop épaisses ; et c'est pour les distinguer par leur effet sur la lumière qu'on a fait les expériences plus loin décrites.

Outre les minéraux qu'on vient de citer comme se rencontrant toujours, il en existe d'autres qui peuvent être regardés comme accessoires :

Amphibole (Hornblende). Ce minéral se trouve en petite quantité, mais presque toujours entre les grains de pyroxène. L'apparence souvent semble indiquer une pseudomorphiose de l'un à l'autre.

Apatite. Il se trouve, avec les lames de labradorite, d'autres lames plus minces qui appartiennent à l'apatite.

Quartz. L'origine de ce minéral selon toute probabilité, est l'infiltration des eaux qui tenaient la silice en dissolution. Il est impossible de croire que ces minéraux, tels qu'ils sont à présent se sont individualisés en même temps lors du refroidissement de la masse en fusion. Dans ce cas en effet, les affinités des minéraux basiques pour l'acide silicique auraient été satisfaites, et il en serait résulté la formation d'autres espèces feldspathiques et amphotérolitiques plus fusibles, et contenant plus de silice.

Titanite n'est pas inconnu, mais se montre en très petits grains, dans les rares échantillons où il se trouve.

Entre les nappes de Dolérite compacte, il y en a d'autres où la texture est aussi grossière que celle de la Syénite; bien que souvent il n'y ait pas moyen de constater une solution de continuité entre elles. Ainsi les dolérites du voisinage de Gettysburg présentent des exemples de cette nature, et il semble probable que la divergence a été causée par les différences de conditions dans lesquelles se sont refroidies les diverses parties de la même masse.

Nous avons fait en 1874 des expériences en photographiant les mêmes coupes, en six positions différentes sous le Nicol analyseur, pour distinguer dans les photographies mêmes, les minéraux qui étaient complètement opaques, de ceux qui dans certaines positions des prismes, ne laissaient passer que la lumière chimique ; c'est-à-dire des rayons qui produisaient de l'effet sur le papier sensible bien qu'ils ne donnaient pas de rayons sensibles à l'œil. En comparant ces photographies l'une à l'autre, on pouvait facilement distinguer les minéraux constituants.

Une planche avec six figures photographiées se trouve dans mon rapport C, de 1874 (p. 128). Ce sont les premiers essais de ce genre que je connais (un crystal de Pyroxène dans le milieu sert de guide). Deux de ces photographies ne montrent aucune trace du cristal ; Trois en montrent plus ou moins distinctement ; La sixième a été faite en introduisant une mince coupe de Sélénite entre l'analyseur et la coupe de la roche. Celle-ci a changé la qualité de la lumière, ce qui fait mieux ressortir la forme du cristal. Du reste, ces expériences n'étaient tentées que pour essayer ce moyen de distinguer les endroits dans une coupe, où à cause de l'opacité, aucune lumière ne pouvait pénétrer, en quelque position des prismes que ce soit. D'autrefois, dans certaines positions, la lumière qui y parvenait se composait de rayons qui n'exerçaient aucun effet sur la feuille sensible.

Je me bornerai ici à la description d'une seule de mes nombreuses coupes microscopiques. Celle d'une roche bien conservée, dure et à grains fins. Elle venait du filon qui se trouve dans un puits d'une mine de fer près de Dillsburg. L'agrandissement était 57 diamètres.

Les lames de labradorite sont très finement et très régulièrement striées. Elles sont mélangées avec des plages vert-jaunâtre de pyroxène dont les surfaces étaient fêlées irrégulièrement et pointillées. Il y a aussi des petits grains de magnétite, autour de la plupart desquels se montrent des tâches brun-jaunâtre, résultant de la conversion d'une partie de l'oxyde magnétique en hydroxyde de fer. Vu sous un éclairage de réflecteur parabolique, les petits points de fer magnétique prennent une apparence métallique.

Avec un prisme de Nicol, on aperçoit des traces de dichroïsme çà et là, dans le voisinage des cristaux de Pyroxène, mais en général il est très faible, ou nul. Les cristaux de labradorite entre les deux prismes montrent, comme à l'ordinaire, les différentes couleurs gris et bleu pâle côte à côte, suivant le plan de macles.

Les petits hexagones d'apatite n'exercent aucun effet sur la lumière polarisée et disparaissent entre les prismes croisés. La magnétite reste naturellement toujours noire.

Composition chimique des roches ignées.

Des nombreuses analyses chimiques des roches ignées, faites à notre instance dans le laboratoire du service géologique, se trouvent dans les publications CCC, CC, et C, et spécialement dans la première.

Nous cherchâmes les correspondances dans ces analyses, avec les mélanges supposés d'un certain nombre de molécules d'un minéral avec un certain nombre d'un autre.

Nous avons pris d'abord pour composition typique d'un des deux minéraux constituants, une moyenne de 40 analyses toutes basées sur des autorités inébranlables.

Cette constitution théorique du labradorite est ainsi la suivante :

Silice	53.09
Alumine	27.96
Oxyde de fer	1.33
Magnésie	0.93
Chaux	10.88
Soude	4.09
Potasse	1.08
Eau	0.84
Total	99.39

Une bonne analyse de Pyroxène se rapprochant de celle d'un Pyroxène du Rhône faite par Klaproth, fut choisie comme représentant de la composition des Pyroxènes en général.

Des analyses élémentaires des roches éruptives ayant été choisies, je distinguai les éléments constituants en radicaux acides ordinairement représentés par la Silice, et radicaux basiques sesquioxides et protoxides.

En divisant de la même façon les radicaux des deux types de labradorite et pyroxène, et les combinant comparativement aux analyses des dolérites, on remarqua des choses très singulières. La comparaison fut faite entre une dolérite du Connecticut (West Rock) et une dolérite du voisinage de Dillsburg.

La tableau ci-après montre le rapprochement des doubles percentages de la dolérite de West Rock, avec la somme des percentages des éléments constituants pareils.

ÉLÉMENTS.	Labradorite	Pyroxene	Lab.+Pyrox.	West Rock
	1 molécule	1 molécule	Somme	Double Équivalent
Silicium	25.48	24.34	49.82	49.72
Phosphore				0.12
			49.82	49 84
Aluminium Al₂ ᵛⁱ. . .	14.78	1.88	16.66	15.10
Fer Fe₂ ᵛⁱ. . .	0.93		0 93	4 96
			17.59	20.06
Fer et Manganese . . .		12 53	12.53	13.36
(Fe″, Mn″)				
Calcium	7.77	9.53	17.30	15.16
Magnesium	0.24	8.58	8.58	9.34
Sodium	3.03	1.65	4.68	3.18
Potassium	0 98	1.00	1.98	0.64
			32.54	28.32

Il est intéressant d'observer que tandis que l'analyse de la dolérite du Connecticut s'accorde bien avec un mélange d'une molécule de labradorite et d'une de pyroxène ; celle d'un échantillon du comté d'York, donnée ci-dessous, correspond même plus étroitement avec un mélange de deux molécules de labradorite à une de pyroxène. Dans ce tableau on a employé la même analyse de Pyroxène que dans le tableau précédent, mais une analyse spéciale de labradorite séparée de la dolérite du comté d'York.

3 Molécules de la dolérite du comté d'York : 49.40 (24.7 $\times$ 9) 2 molécules de Labradorite.
$\qquad$ 24.65 $\times$ 3 $\qquad$ 24.34 $\qquad$ 1 molécule de Pyroxène.

Si. $\qquad$ 73.95 73.74. $\qquad$ Total.

$\qquad$ 11.81 $\times$ 2 $\qquad$ 32,40 (16.2 $\times$ 2) 2 molécules de Labradorite.
Al$_2$ & $\qquad$ 1.88 $\qquad$ 1 molécule de Pyroxène.

$\qquad$ 35.43 34.28 $\qquad$ Total.

Radicaux, basiques, monades et dyades $\qquad$ 23.60 (11.8 $\times$ 2) 2 molécules de Labradorite.
$\qquad$ 18.45 $\times$ 3 $\qquad$ 30.40 $\qquad$ 1 molécule de Pyroxène.

$\qquad$ 55.35 54.00 $\qquad$ Total.

COUPES.

(Voyez la planche)

De nombreux problèmes se rattachent à la stratigraphie de la région; je me suis borné dans ce mémoire à en discuter deux, m'appuyant sur la description détaillée du gisement et des différents caractères des roches; mais je les ai choisis de façon à apporter quelque lumière sur deux des plus importantes questions qui se soient présentées.

La première de ces coupes traverse toute la région que nous avons étudiée à peu près suivant sa partie médiane; c'est la ligne de la Susquehanna.

La seconde coupe se trouve à 9.5 kilomètres au N. E. de la première; elle est tracée de façon à montrer les relations entre les principales masses de calcaire des deux comtés, ainsi que les relations des schistes de ce niveau avec les gneiss et les micaschistes huroniens. L'importance des conclusions tirées de l'étude de cette coupe (E F) est relatée ci-dessus pages 112-113.

§ 1. *Coupe le long de la Susquehanna.*

Cette coupe (A B de la carte) commence au point où la frontière du comté de Lancaster traverse la Susquehanna, près du hameau de Falmouth. Nos observations ont été nombreuses et détaillées pour cette partie Nᵒ 1 de la grande coupe; mais les couches mésozoïques n'offrent pas assez d'intérêt pour être ici étudiées minutieusement de mètre à mètre. Le seul fait qui ressort de leur étude est la constatation de leur structure monoclinale. L'inclinaison varie de N. 10° jusqu'à 20° O. et la pente de 15° à 40°.

Pour ce qui concerne le *calcaire*, notons sur la carte le changement de direction du fleuve de la limite mésozoïque jusqu'à Chikis ; le fleuve suit ici la ʃdirection des couches du calcaire et rend ainsi cette portion du cours de la Susquehanna sans intérêt pour le stratigraphe. De plus il n'y a que très peu d'affleurements dans cette partie. Nous omettons ici pour ces raisons le § 1 de la longue coupe de la Susquehanna, que l'on trouvera dans notre mémoire in-extenso.

§ 2. *De Chikis à Columbia.*

Direction de la coupe. S. 21° E.

Le « Chikis Ridge » se montre d'abord près le ruisseau de Chikiswalunga, comme la moitié Sud d'un anticlinal dont la moitié Nord aurait été enlevée par une dislocation suivant le lit de ce cours d'eau. Le plan de l'axe anticlinal a une inclinaison légèrement S. E. La roche en bancs épais a une inclinaison S. légèrement S. E. et à peu près verticale, à 427 mètres au S. E. du ruisseau.

A 100 mètres environ plus loin au S. E. commence la série, comme suit :

> Quartzite, S. 10° E. — 44°.
> » S. 25° E. — 47°.
> » S. 20° E. — 61°.
> » S. 10° E. — 73°.
> » S. — 77°.

Entre cette couche de quartzite et le côté N. O. de l'anticlinal le plus proche, il y a un synclinal d'environ 152 mètres de largeur ; on y relève quatre inclinaisons différentes, mais les roches constituantes restent des chloritoschistes et des phyllades à damourites.

Ces inclinaisons observées sont :

Phyllades à damourite		S. 10° E. — 48°.
»	»	S. 30° E. — 34°.
»	»	S. 10° E. — 70°.
»	»	(chloritiques) S. 20° E. — 65°.

L'observation suivante a été faite à 213^m environ de là ; on y trouve un quartzite incl. S. 35° E. — 50°. La couche la plus proche du quartzite incline O. 25° N. — 78°. Il y a donc ici une lacune dans la place où doit être le sommet de l'anticlinal, elle n'a pas toutefois grande importance car l'inclinaison normale reprend à 45 mètres de là, avec une couche de quartzite S. 35° E. — 74°.

Cette dernière est suivie, 61 mètres plus loin, par un quartzite dont l'inclinaison est S. 30° E. — 76°. Ce quartzite représente la surface supérieure de la masse ; et les phyllades du synclinal vers le N. O. se rencontrent ici, sur une distance horizontale d'environ 61 mètres, avec une épaisseur réelle qui est peut-être de 35 mètres.

Les inclinaisons sont :

Phyllades avec damourite	— E. 20° S. — 21°
»	— S. 23° E. — 60°
»	— S. 35° E. — 50°

Avec ces dernières phyllades, la coupe arrive au haut fourneau « Henry Clay » (75 mètres) au Sud duquel se trouve un quartzite dont l'inclinaison est S. 20° E. — 34°. Il semble intercalé parmi les phyllades. C'est un quartzite recouvert de plaques minces particulières de quartz blanc, qui pénètrent aussi à l'intérieur, comme si les creux et les fissures de la roche avaient été remplis par de la silice gélatineuse.

Immédiatement au Sud de cette couche, les couches à damourite commencent à reparaître avec une inclinaison S. — 50°. Sur un espace de 244 mètres, on ne peut pas reconnaître la structure des roches. Néanmoins, il est probable qu'il y a ici un synclinal renversé ; l'élévation des couches sur son côté Sud est indiquée par une inclinaison de S. 15° E. — 62°.

Les schistes argileux incl. S. 5° E. — 40°, sont immédiatement suivis de phyllades avec damourite variant de S. 10° E. à S. 20° E. — 70°.

A l'extrémité Ouest du tunnel et près de la dernière inclinaison, des quartzophyllades argileux inclinent de S. 5° E. — 50°, et des phyllades avec damourite S. 20° E. — 63°.

A l'extrémité Sud, il y a une phyllade à damourite S. 35° E. — 79° suivie d'une phyllade à damourite S. 30° E. — 76°.

Les mêmes couches semblent descendre plus loin, en un endroit où elle sont devenues plus ferrugineuses.

Les inclinaisons ici sont :

$$\text{Schiste ferrugineux, S. 20° E. — 59°}$$
$$\text{»} \qquad \text{S. 25° E. — 73°}$$

Cet affleurement, qui se trouve près de la frontière et du bourg de Columbia, est le dernier de la série des phyllades.

On arrive au-delà à la limite des couches calcaires et des couches éozoïques, qui doit se trouver quelque part dans l'espace de 152 mètres invisibles à partir de ce point.

§ 3. *De Columbia à Turkey Hill,*

Direction de la coupe S. 19° E.

Il n'y a rien d'essentiel dans cette partie de la coupe, avant d'arriver aux laminoirs de la Susquehanna rolling Mill; les détails ont été publiés dans notre mémoire in extenso.

Les topographes du chemin de fer de Columbia et de Port Deposit avaient établi leur zéro juste au Sud des laminoirs de la Susquehanna, et comme les stations des opérations étaient marquées sur les rails, de 100 pieds en 100 pieds, (de 30ᵐ 5 en 30ᵐ 5) tout le long de la rivière, ces stations (reportées sur ma coupe), me permirent d'indiquer les affleurements avec une grande facilité et une grande exactitude.

Ainsi, lorsque par la suite, on trouvera la mention « station topographique du chemin de fer, numéro tel et tel » on devra comprendre que l'on désigne un point situé à un certain nombre de fois 100 pieds en aval des laminoirs de la Susquehanna.

Station topographique du chemin de fer, la plus rapprochée.	*Caractère des roches,*	*inclinaison.*
18	Schiste calcaire, arénacé inclinaison N. 10° O. — 85°. Faible effervescence.	
19.5	Schiste calcaire. Extrémité Nord de la grande carrière de Detweiler. Faible effervescence. Inclinaison N. 10° O. 88°.	
21	Calcschiste, Inclinaison verticale. Direction E. 20° N. Contient du calcaire avec pyrite et fait effervescence.	
23	Calcschiste. S. 15° E. 82°. Siège d'un axe anticlinal.	

25 Calcschiste. S. 25° E. — 81°, extrémité Sud de la carrière de Detweiler.

27 Schiste argileux arénacé et calcschiste S. 15° E. — 83°.

29 Schiste argileux arénacé. S. 20° E. — 80°.

13 Phyllade arénacée. S. 20° E. — 81°. Extrémité Nord de la carrière d'Upp.

32.5 Calcaire impur. Fait effervescence. « On a trouvé du minerai de fer dans cette carrière. » S. 15° E. — 60°. Extrémité Sud de la carrière d'Upp.

34 Calcaire. Commencement de la carrière de Droom. De S. 15° E. à — S. 20° E. — 62°.

Note. — A 15 mètres en arrière de ce premier affleurement, on rencontre d'autres plans de clivage, dont quelques-uns très accusés. Un d'eux notamment a une inclinaison N. 32°.

Il y a ici, à la station topographique 43 du chemin de fer, une fente dans laquelle on a supposé l'axe d'un fort pli synclinal.

43 Phyllades cristallines, arénacées, décomposées, abondamment trouées et tachetées de pyrite. Inclinaison, S. 20° E. — 82°.

45 Schiste argileux, crypto-cristallin. S. 18° E. — 72°.

48 Schiste argileux, arénacé, et phyllade à damourite décomposée. S. 15° E. — 77°

50 Phyllades à damourite S. 15° E. — 70°.

51 Phyllades à damourite S. 15° E. — 82°.

52 Phyllades à damourite avec pyrite. S. 20° E. — 74°.

53 Phyllades à damourite, très désagrégées. S. 20° E. — 78°.

64 Phyllades à damourite S. 18° E. — 80°.

Nous avons supposé un anticlinal entre ces derniers affleurements.

La zône précédente allant de Stricklers Run à l'extrémité N. O. de la ville de Washington, a de l'importance au sujet de l'existence de roches contemporaines du calcaire Silurien inférieur. Les inclinaisons observées prouvent l'existence d'un synclinal, où les calcaires S. de Stricklers Run seraient dans un pli des phyllades.

L'examen de notre carte coloriée fait penser qu'il s'est produit, sur un espace de 6 à 8 kilomètres une poussée qui aurait tordu les couches et aurait changé leurs positions primitives en déplaçant la rive gauche de cette distance vers le Sud (ou la rive droite vers le Nord), avant le dépôt des couches mésozoïques. Il suffit d'admettre que les phyllades entre Washington et Columbia sont toutes de l'âge du Silurien inférieur, et appartiennent au calcaire, dans lequel elles forment des lits interstratifiés, et une masse sousjacente.

La station de « Turkey Hill » se trouve exactement à « Wistar's Run ». A 30 mètres au S. E. de Wistar's Run, le calcaire a une inclinaison N. 18° O. ± 88°. Cette inclinaison se répète plusieurs fois, jusqu'à ce qu'on arrive sur des calcschistes tachetés de trous ferrugineux de décomposition, incl. N. 10° O. — presque verticale.

Au point où les roches de Turkey Hill s'avancent dans le fleuve, une mesure prise dans les chloritoschistes entièrement dépourvus de calcaire, accuse S. 14° E. — 60°.

Les couches sont réellement ridées comme des feuilles de papier dont on presserait les bords opposés

§ 4. *De Turkey Hill à Safe Harbor.*
Direction de la coupe S. 24° E.

A la station 250, au bout de la partie N° 2, les roches sont des phyllades compactes, de couleur verdâtre, souvent remarquées sur le côté opposé de la rivière, incl. N. 20° — 63°.

En un point de la courbe près de la station 260, les phyllades ont une inclinaison S. 14° E. — 60°; elles deviennent de plus en plus chloritiques, sans perdre leurs caractères spéciaux.

Les roches sont très contournées, à partir de ce point ; leur direction moyenne est E. de 10° à 20° N. et les bancs sont verticaux. Avant d'atteindre le premier renflement au-dessous de Turkey Hill, on trouve une grande masse de roches dont l'inclinaison est N. 18° O. — 89°.

On relève ici les inclinaisons suivantes :

Chloritoschiste N. 18° O. — 80°.
   »   avec quartz. N. 45° O. — 63°.
   »   N. 45" O. — 45°.
   »   N. 45" O. — 45".
Phyllades chloritiques. N. 25° O. — 60°.
Chloritoschistes, N. 20° O. — 45".

A la station topographique 383, au S. E. de « Turkey Hill », l'inclinaison est O. 40° N. — 80°. A 14 mètres plus loin, elle devient subitement N. 40° O. — 62°, et à 27 mètres au-delà de ces 14 mètres, elle est N. 25° O. — 64".

Cette couche et les douze suivantes ont très approximativement la même inclinaison, inférieure de 18° à 20° à la première donnée. Ces couches ont une épaisseur réelle de 1097 mètres, la distance horizontale qu'elles occupent est comprise entre la station 383 du chemin de fer et la station 433.

Voici quelles sont ces couches :

Station topographique
du chemin de fer.

±383	Chloritoschistes	O. 40° N. — 80°
15 pas plus loin au S. E.	»	N. 40° O. — 62°
30 pas plus loin au S. E.	»	N. 25' O. — 64°
386 Phyllades feuilletées, chargées de pyrite		N. 35" O. — 67°
390 » » »		N. 30° O. — 61°
395 » » »		N. 25° O. — 52°
402 » » »		N. 20° O. — 26°
405' » » »		N. 25° O. — 62°
410 à 422 inclusivement	»	N. 25° O. — 62°
422	»	N. 20° O. — 58°
424 Bande de chloritoschiste tendre, vert foncé		N. 25° O. — 54°
430 » » » »		N. 20° O. — 64°
433 (environ) Pyrites en cristaux grands et petits, disséminés.		N. 18° O. — 60°.

Nous donnons ici sous forme de tableau la liste des roches rencontrées de ce point à l'embouchure de Conestoga Creek (ou crique de Safe Harbor).

Station topographique *du chemin de fer.*	*Caractère de la roche, etc.*	*Inclinaison.*
454		N. 18° O. — 48°
457 Près le passage de Sour		N. 20° O. — 40°
459		N. 25° O. — 50°
468 Micaschiste avec quartz blanc		N. 20° O. — 58°

476 Micaschiste   N. 10° O. — 54"
485   »   N. 30° O. — 51°
488   »   N. 25° O. — 41°
494   »   N. 20° O. — 58°
499   »   N. 18° O. — 58°
503   »   N. 25° O. — 40°
516   »   N. 18° O. — 42°
530 (à 200 mètres environ au N. O. de
     Conestoga Creek) Micaschiste dur, com-
     pacte, avec quartz intercalé   N. 8° O. — 52"
Vers 539 Conestoga Creek, côté S. E. de
     l'embouchure du ruisseau   N. 10° E. — 24°

§ 5. — « *De Safe Harbor* » à « *Ladder Rock* ».

Direction de la coupe S. 21° E.

A 100 mètres au sud-est du pont en amont du Conestoga, un micaschiste gneissoïde, avec veines de quartz, présente
une inclinaison N. 15° O. — 48°. Les roches, au S. E. de
l'embouchure du Conestoga, deviennent du gneiss solide
compacte contenant un peu de pyrite et formant des couches
épaisses.

Station topographique	Caractère de la roche.	Inclinaison.
542	Micaschistes gneissoïdes	N. 18°O. 48°
183 m. plus loin au S. E.	Gneiss compacte	N. 8° O. 45°
91 m. plus loin au S. E.	Gneiss bordé de quartz.	N. 14°O. 45°
553	Gneiss	N. 14°O. 45°
555	Gneiss	N. 10°O. 45°

Entre ces deux dernières couches, il y a un filon de Trapp qui traverse obliquement le fleuve.

L'aspect de la brusque solution de continuité de la colline est très particulier, ainsi que l'ouverture de « Safe Harbor », qui permet de voir à travers une étroite chaîne de collines formées par d'anciennes phyllades une longue vallée ouverte dans le calcaire.

Le gneiss de la Conestoga en ce point, présente une épaisse bordure de quartz; il est feuilleté, et très riche en mica.

Voici quelques exemples de son gisement :

Station topographique du chemin de fer.	Caractère de la roche, etc.	Inclinaison.
558	Gneiss	N. 15° O. — 40°
568	Gneiss	N. 10° O. — 33°
578	Gneiss	N. 8° O. — 45°
586	Gneiss	N. 8° O. — 45°
590	Gneiss	N. 8° O. — 68°
596	Gneiss, courbé et ondulé	N. 18° O. — 45°
600	» »	» » .

A la station 638, il y a un gneiss grossier, dont l'inclinaison est N. 25° O. — 18°.

La roche ici est si dure, si compacte et si massive, qu'elle mérite presque le nom de granite.

Vers la station 657, le côté inférieur, en pente douce, d'un anticlinal, commence à être accusé par une inclinaison E. 25° S. — 38° dans du gneiss gris, en lits épais, avec biotite et pyrite; l'inclinaison semble se poursuivre sur une distance de 427 mètres, et semble se répéter au bout de cette distance ou à la station 672.

Il y a évidemment à la station 682, un anticlinal.

On observe cet anticlinal entre les stations 650 et 658 ; il affecte la stratigraphie sur une longueur de 1463 mètres environ, le long de la ligne. Voici les inclinaisons descendantes vers le S. E. :

Station topographique du chemin de fer.	Caractère de la roche.	Inclinaison. etc.
672	Gneiss gris-bleuâtre, en lit épais ; contenant de la biotite.	E. 25° S. — 38°.
683	Roches dans le fleuve et sur la rive.	E. 25° S. — 60°.
684	Côté nord du ruisseau de Pequea	S. 25° E. — faible.
704	Sur le chemin de fer	S. — 24°.
717		O. 20° N. — 20°.
730		O. 40° N. — 14°.
744		N. 10° O. — 34°.
747		N. 10° O. — 18°.
754		N. 40° O. — 18°.
763	Micaschiste brun désagrégé.	N. 40° O. — 28°.
783	Micaschiste brun désagrégé.	N. 45° O. — 33°.
788		N. 45° N. — 24°.
796	Micaschiste	N. 35° O. — 25°.
800		N. 36° O. — 32°.

§ 6. *De Ladder Rock à Cutler's.*

Direction de la coupe S. 23° E.

Station topographique du chemin de fer.	Caractère de la roche, etc.	Inclinaison.
808	Micaschiste avec grenat.	N. 20° O. — 34°.
811.5	Micaschiste	N. 30° O. — 12°.
818	Micaschiste chloritique	N. 10° E. — 18°.
821	»	O. 20° N. — 18°.
823	Petit ruisseau	
834	Micaschistes chloritique	O. 30° N. — 18°.
840	»	N. 18° O. — 12°.

On arrive ici sur l'axe d'un grand anticlinal, important dans la stratigraphie de la région, et qui étend son influence au loin ; il est désigné sous le nom d'Anticlinal du ruisseau de Tocquan. L'axe reste un certain temps parallèle au ruisseau de Tocquan près de son embouchure dans la Susquehanna.

Les roches visibles en ce point appartiennent évidemment à la série des gneiss ; ce sont les plus basses qui affleurent dans la Pennsylvanie sur la Susquehanna, les phyllades de « Peach Bottom » étant probablement séparées de cet horizon par 4.3 kilomètres, d'épaisseur réelle de roches. La position et la direction de cet anticlinal, ainsi que le caractère lithologique de ses roches, concordent bien avec les caractères de la zône Archéenne, qui partant du voisinage de Phœnixville, traverse les districts de Georgetown « Gap Hills » et « Mine Ridge ».

Station topographique du chemin de fer.	*Caractère de la roche, etc.*	*Inclinaison, etc.*
866	Chloritoschistes	S. 15° E. — 12°
873	Micaschiste gneissoïde, très contourné	E. 15° S. — 38°
891	» moins contourné que d'ordinaire. Forme un cap saillant dans cette partie la plus étroite de la rivière, qui n'a pas ici plus de 274 mètres de largeur	S. — 38°
892		S. 5° O. — 22°
905		S. 24°
909		S. 10° E. — 30°
911	Gneiss et micaschiste. Très contourné — Passage de Mᶜ Call	
923	Micaschiste	S. 20° E. — 34°
925	»	S. 25° E. — 25°
927	»	S. 12° E. — 30°
937		» »

953 Micaschiste désagrégé, en grains fins   S. 25° E. — 42°
979   S. 20° O. — 75°
981   S. 28° O. — faible
994 200 mètres au N. O. de la Station de Cully
1009 à 1030. Les couches sont fréquemment parsemées de bandes ferrugineuses
1030 Phyllades ferrugineuses   S. 20° E. — 43°
1042   »   »   S. 25° E. — 57°
1059 Micaschiste gneissoïde   . S. 20° E. — 32°
1063 Micaschiste   S. 20° E. — 42°
1068 Embouchure de « Muddy Creek »   S. 15° E. — 44°
1084 Micaschiste dur avec larges pyrites   S. 20° E. — 40°
1095 Micaschiste   S. 15° E. — 34°
1106 Gneiss quartzeux   S. 25° E. — 43°
1112 Cap près le tourbillon de Phite
— Gneiss avec bandes de mica-schiste, contenant beaucoup de quartz.   S. 30° E. — 40°
1130 Micaschiste gneissoïde compact.
1153 Micaschiste dur (blanc sous une forte lumière).
1178 Micaschite quartzifère.

§ 7. *Du ruisseau de Cutler à la ligne du Maryland,*
Direction de la coupe S. 40° E.

A 152 mètres de cet affleurement et 334 mètres de « Fishing Creek », l'inclinaison est N. O.

A la station 1190 des phyllades brunes, arénacées, incl. E. 35° S. — 78°. Cet affleurement marque la réapparition des chloritoschistes, interrompus sur un parcours de près de 17.7 kilom., par les gneiss et les micaschistes. De là à la station 1214 on n'a pas observé d'affleurements de roche en place.

Le premier affleurement se trouve à la station 1224, où une roche chloritique avec quartz incl. E. 35° S. — 24°.

Il y a un affleurement vers la station 1280, ou à peu près en face du sommet de « Caldwell's Island ». Ce sont des chloritoschistes avec quartz, où sont intercalées de nombreuses couches chloritiques sans quartz, incli. E. 35° S. — 68°. Cette roche est entièrement liée avec les ardoises de « Peach Bottom » dont le gisement est maintenant très rapproché.

A la station 1286, la même roche incl. E. 30° S. — 80°; et à la station 1290, incl. E. 20° S. — 64°.

A la station 1290, les ardoises chloritiques incl. E. 10° S. — 64°. Entre le schiste quartzeux et les ardoises chloritiques il y a un anticlinal.

A la station 1299, ou presque en face du milieu de « Mount Johnson Island », des ardoises chloritiques ondulées, très vertes, incl. S. 35° E. — 78°.

Vers la station 1314, des schistes chloritiques avec quartz incl. E. 35° S. — 74° (en face d'un point près de l'extrémité de l'île.)

Une étude attentive montre à l'observateur que les phyllades et schistes chloritiques de cette région, passent par modifications graduelles et insensibles aux ardoises, noir pourpre, de « Peach Bottom »; et la zône des ardoises proprement dites, est de plus si étroite, qu'il paraît probable que la cause de cette modification doit avoir été essentiellement locale.

La limite des ardoises est assez brusquement tranchée; cette formation divisée en plusieures zônes étroites, épaisses seulement de quelques mètres, où sont limitées les ardoises réellement exploitables, occupe une étendue d'environ 122 mètres.

On trouvera dans le Rapport CCC une description avec illustrations de ces carrières. L'inclinaison d'une large surface à ciel ouvert, dans une de ces carrières, est S. 20° E. — 80°.

Deux autres inclinaisons, dans les mêmes ardoisières, non loin
de là, sont E. 10° S. — 58°, et S. 20° E. — 50°.

A 50 mètres environ au N. O. de « Peter's Creek », et
près des exploitations d'ardoises, un affleurement dans une
ardoise noire à grains fins accuse S. 40° E. — 64°.

Juste au N. O. du pont du chemin de fer au-dessus de
« Peter's Creek » une profonde tranchée dans les quarzo-
phyllades massives, montre une inclinaison S. 20° E. — 55°.
Une quartzophyllade intéressante remplie de mica, se trouve
à la station 1352, et près du pont de « Peter's Creek ».
L'inclinaison varie entre S. 45° E. — 58° et S. 30° E. — 52°.

Cette roche quartzeuse a une autre importance : c'est
qu'elle semble recouvrir les ardoises exploitables, du côté du
Sud, aussi loin qu'on a pu les examiner ; c'est-à-dire sur une
distance de 9.6 kilomètres, au Sud-Ouest au-delà de l'angle
du comté d'York, et jusque dans l'Etat de Maryland.
Cette même roche se rencontre de l'autre côté du fleuve.

De ce point à la limite du Maryland les plis sont fréquents,
mais l'épaisseur n'augmente pas, et à la frontière du Maryland
on ne se trouve qu'à une trentaine de mètres au dessous de l'horizon du quartzite. Les déviations si remarquables du fleuve à
« Williamson's Point » et à « Frazer's Point » au dessous de
la limite de Maryland, semblent être dues à ce qu'un quartzite
plus dur et moins décomposable remplace le précédent.

Les chloritoschistes sont les roches prédominantes et caractéristiques des bords de la Susquehanna, dans le township de
Fulton.

Dans le comté d'York, sur le côté opposé du fleuve, et
partout où affleurent les quartzophyllades, elles contiennent de
minces couches de mica, dont une grande quantité est chloritique ; de sorte qu'ici même le caractère fondamental sur lequel
on a essayé de fonder une distinction de deux grandes séries ne
fait pas entièrement défaut.

Cette roche, sous la lentille de Stanhope, a montré, indépendamment de grains de quartz, des granulations très petites de silicates à structure botryoïdale, avec des écailles très minces de mica hydraté ; lorsque ces écailles manquent, les granulations mentionnées se trouvent en très grande quantité.

Sur la limite du Maryland, le gneiss verdâtre, dur, en lits épais, est recouvert de schistes à damourite et à chlorite, très-brillants, renfermant beaucoup de quartz laiteux, en grains isolés.

Il y a dans les roches de Frazer's Point des apparences, qui semblent être des fossiles. Dans les carrières d'ardoises du comté d'York il y a aussi de nombreux échantillons qui rappellent des restes organiques. Ces formes sont très bien représentées dans le vol. CCC.

MM. les professeurs James Hall et Whitfield qui les examinèrent, furent d'accord qu'on ne pouvait les regarder comme d'origine organique : et notre espoir d'avoir des renseignements paléontologiques sur ces roches s'est ainsi évanoui.

Suivant l'opinion du prof. J. Hall les échantillons sont extrêmement intéressants, mais il confesse qu'il ne peut donner d'explication satisfaisante sur leur nature.

RÉSUMÉ.

Je n'ai pu présenter dans les pages précédentes qu'un resumé très succinct des observations détaillées faites par moi dans les comtés d'Adams, d'York, de Lancaster et de Chester, pendant sept années successives, et publiées dans les quatre volumes portant les lettres c, cc, et ccc du seconde service géologique de la Pennsylvanie.

Le résultat capital de mes études a été de tracer les cartes géologiques de ces quatre Comtés, au $\frac{1}{120120}$. Ces quatre cartes publiées par le service officiel embrassent une étendue de 10465 kilomètres carrés.

La carte coloriée qui accompagne ce mémoire est une réduction au $\frac{1}{360160}$ de ces cartes; c'est à dire au 1/3 de l'échelle à laquelle trois d'entre elles ont déjà été publiées.

Mes études étaient accompagnées dans les publications du service géologique par 58 planches de coupes et cartes détaillées. Je me suis borné à en insérer trois qui serviront d'illustration aux principaux faits contenus dans ce mémoire.

Les points suivants ont été établis par mes recherches :

1. — Il y a dans le district choisi comme sujet de ce mémoire des roches schisto-cristallines, recouvertes en stratification discordante par une série de formations différentes.

2. — On doit distinguer parmi les roches schisto-cristallines deux (et probablement plus) formations différentes.

3. — Les plus anciennes, composées de roches amphiboliques et feldspathiques appartiennent au terrain Laurentien.

4. — Elles sont recouvertes par des couches Huroniennes très épaisses qui constituent une région montagneuse (South Mountain et Pigeon Hills) ; et une autre région de vallées

basses, ou les roches sont moins résistantes. (Roches de South Valley Hill, les régions Sud-Est des comtés de Chester, Lancaster, et York). L'étendue superficielle de ces couches comme leur épaisseur est considérable.

5. — Il est possible sinon probable, que ces couches soient recouvertes en Pennsylvanie, par une série antérieure au terrain paléozoïque, et formant un étage intermédiaire mal défini jusqu'à présent.

Il ressemble au système Huronien en ce qu'il renferme des schistes chloritiques, du calcaire, etc.

6. — Le quartzite ou grès Primal (Potsdam Sandstone) repose en stratification discordante sur les couches précédentes; il ne présente dans la région qu'une épaisseur minime comparée à celle des systèmes précédents. Mais ce quartzite est cependant d'ordinaire un des meilleurs repères stratigraphiques, et un élément de la plus grande importance dans la discussion des questions de stratigraphie.

7. — Le calcaire de Lancaster, d'York, et le petit lambeau représenté sur la carte en amont de la Susquehanna, qui est une dépendance du calcaire de la Grande Vallée, ne sont qu'une même masse calcaire divisée en deux portions, par la bande de roches mésozoïques, qui constitue une partie importante des comtés d'Adams, d'York, de Lancaster et de Chester.

Cet étage calcaire consiste généralement en une partie inférieure formée de phyllades avec damourite, et d'une partie supérieure, atteignant environ 700 mètres d'épaisseur, formée essentiellement de carbonate de chaux et de magnésie (dolomie). Ces calcaires alternent avec des couches de calcschistes et de phyllades sans fossiles.

8. — J'ai établi que le calcaire de la vallée de Chester est non-seulement du même âge, mais qu'il forme la continuation stratigraphique immédiate des masses calcaires du comté de Lancaster.

9. — La série Mésozoïque (Jura-Trias) recouvre et déborde irrégulièrement toutes les couches ci-dessus mentionnées.

10. — L'inclinaison dominante des couches mésozoïques est N. et N. O., mais on peut signaler quelques exceptions où elle est inverse. Les couches de cette série nous représentent sans doute dans la région, les restes d'un vaste pli anticlinal dont la moitié orientale se trouverait dans le Connecticut. Ce pli anticlinal ne serait reconnaissable et conservé en entier, que dans les Etats voisins, du Sud de la Virginie et de la Caroline du Nord.

11. Des minerais de fer (oligiste, magnétite) forment une sorte de ceinture autour de cet estuaire mésozoïque ; ils sont formés en partie aux dépens des minerais de fer des niveaux géologiques antérieurs, et en partie aux dépens de quelques éléments des filons de dolérite qui les traversent en tous sens.

Tels sont les principaux résultats auxquels nous sommes arrivés relativement à la succession des principales masses sédimentaires du S. E. de la Pennsylvanie. La disposition stratigraphique de ces couches indiquée en détail dans nos coupes, présente une certaine régularité d'ensemble : Nous avons affaire ici à une série des couches puissamment ridée, à l'inclinaison constante S. E., et que je considère comme formant une série de plis anticlinaux et synclinaux parallèles et renversés, comme s'ils avaient été affectés en masse par une pression latérale venant du S. E.

En outre de ces résultats généraux nos recherches sur la structure microscopique des roches cristallines massives, dont j'ai fait plus de 500 préparations, (voyez les planches 1-3 de mon volume C) m'ont permis de reconnaître parmi les Trapps des anciens auteurs, toute une série de roches éruptives diverses, que j'ai rapportées aux syénites, dolérites etc. des classifications modernes.

Ces études microscopiques, jointes aux diverses analyses chimiques que j'ai faites des échantillons types de nos collections, notamment de celles qui sont importantes pour l'industrie, m'ont permis de formuler des conclusions nouvelles sur l'origine, le gisement, l'extension des divers minerais de cuivre, de zinc, et de fer, de la partie de la Pennsylvanie que j'ai étudiée.

TABLE DES MATIÈRES.

Errata.

Page.	Ligne.	
8		Au titre ajoutez les mots « et spécialement dans le S. E. de la Pennsylvanie. »
21	dernière	Note. Au lieu de « J. S. Hunt » « T. S. Hunt. »
46	29	Au lieu de « tonswship » lisez « township. »
61	6	Pour « manière » lisez « matière. »
68	1	Après le titre lisez « suivant la ligne C-D sur la carte. »
69	1	Pour « mètre » lisez « mètres. »
79	av. dern.	Pour « sous-jacent » lisez « au-dessus. »
83	11	Pour « ardoises » lisez « phyllades »
	27	Pour « plastique » lisez « clastique. »
95	18	Pour « soution » lisez « solution. »
97	18	Pour « anhydré » lisez « anhydre. »
101	9	Pour « Stepard » lisez « Shepard. »
	16	Pour « chistes » lisez « schistes. »
104	1	Pour « calcaires » lisez calcaire; pour « Yorck » lisez « York. »
105	5	Pour « termine » lisez « terminant. »
106	13	Pour « jusque » lisez « jusqu'à. »
107	12	Pour « du Huronien » lisez « d'Huronien. »
108	24	Pour « march » lisez « direction. »
109	4	Pour « Sadsburg » lisez « Sadsbury. »
	25	Pour « Countey » lisez « County. »
110	6	Pour « Taconiques » lisez « Taconique. »
111	26	Pour « présentait » lisez « présenterait. »
		Après le mot « possibles » ajoutez « à cause. »
112	26	Pour « jusqu'au » lisez « il n'y a du. »
	27	Pour « separe du » lisez « jusqu'au. »
	28	Pour « jusqu'à » lisez « de »
115	25	Pour « cont » lisez « sont. »

122	2	Pour « Irai-Rhétique-Jura » lisez « Trias-Rhéthique-Jura. »
	16	Pour « Middre-States » lisez « Middle-States. »
123	5	Pour « Dilsburg » lisez « Dillsburg. »
124	10	Pour « Manson » lisez « Mason. »
	12	Pour « Moutain » lisez « Mountain. »
	15	Pour « Scie » lisez « Vue. »
126	Note	Pour « des Gegenwart » lisez « der Gegenwart. »
128	11	Pour « table » lisez « sable. »
132	5	Pour « ce filon » lisez « la veine principale. »
134	1	Ajoutez « et de » avant le mot « stratification. »
144	18	Pour « le » lisez « la. »
145	18	Pour « pseudomorphiose » lisez « pseudomorphose. »
146	7	Pour « sous le » lisez « du. »
159	26	Suivant le numéro 454 ajoutez « Micachiste. »
	27	» » 457 » »
	28	» » 459 » »
160	15	Au lieu des mots « à 100 mètres est du pont en amont » lisez « un peu en amont de l'embouchure. »
162	5	Pour « lit » lisez « lits. »
163		Suivant les numéros 892, 905, 909, mêmes roches que 891.
164	2-3	Mêmes roches que dans la ligne 1.
166	22	Pour « au-dessous » lisez « en aval. »
167	4	Pour « de mica hydraté » lisez « d'une phyllade. »
		Planche contenant la coupe le long de la Susquehanna, deuxième ligne, supprimez « I. W. » après les mots « Safe Harbor. »
		Même ligne supprimez le mot Granitique au-dessus du numéro 590.

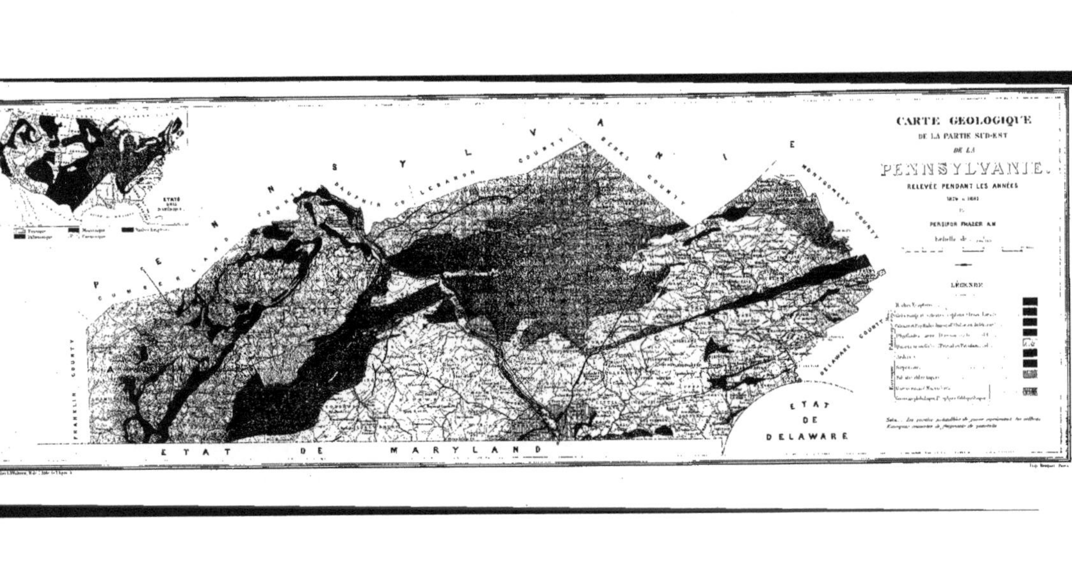

CARTE GÉOLOGIQUE
DE LA PARTIE SUD-EST
DE LA
PENNSYLVANIE.
RELEVÉE PENDANT LES ANNÉES
PERSIFOR FRAZER A.M
Échelle de
LÉGENDE
ÉTAT DE MARYLAND
ÉTAT DE DELAWARE
FRANKLIN COUNTY
CUMBERLAND COUNTY
DAUPHIN COUNTY
LEBANON COUNTY
BERKS COUNTY
MONTGOMERY COUNTY
DELAWARE COUNTY
PENNSYLVANIE

DE LA PENNSYLVANIE

avec les noms des Comtés

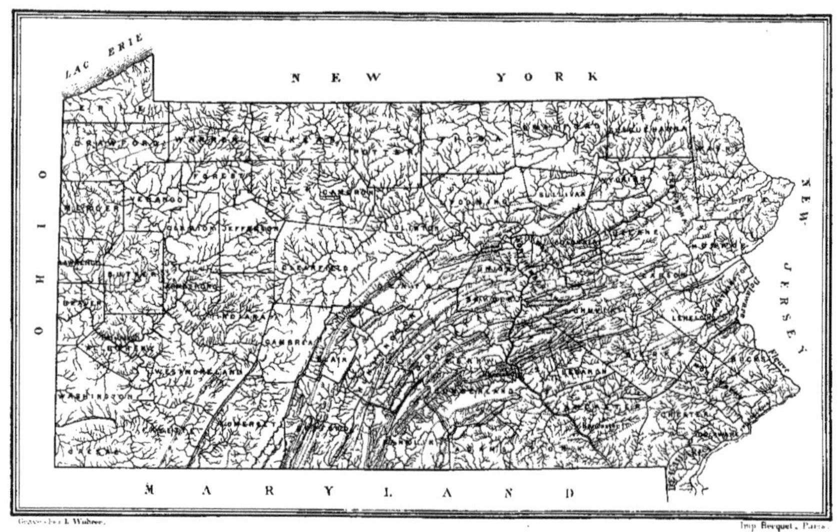

Gravé par L. Wuhrer.

Imp. Becquet, Paris.

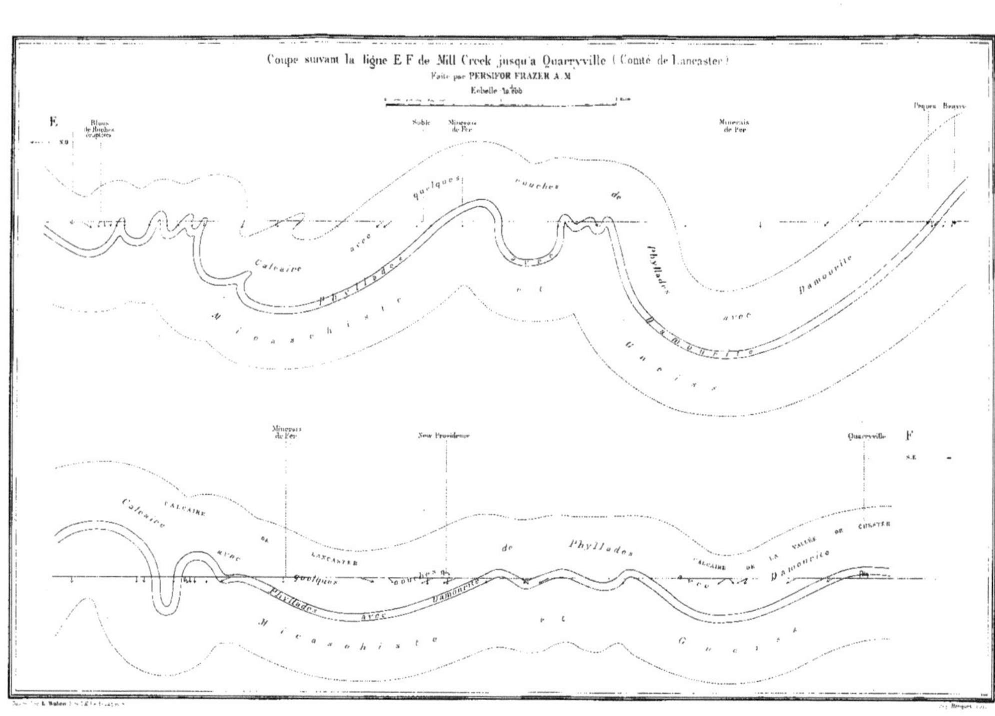

Coupe suivant la ligne E F de Mill Creek jusqu'a Quarryville (Comté de Lancaster)
Faite par PERSIFOR FRAZER A.M.
Echelle 1⁄2400
E.
Blocs de Roches éruptives
S.O
Sable
Minerais de Fer
Minerais de Fer
Pequea Banks
quelques couches de
avec
Calcaire
Phyllades
et
Micaschiste
phyllades
avec
Damourite
Gneiss
Minerais de Fer
New Providence
Quarryville
F.
S.E.
Calcaire
CALCAIRE DE LANCASTER
de
Phyllades
CALCAIRE DE LA VALLÉE DE CHESTER
avec
Damourite
quelques couches de
Phyllades avec Damourite
et
Micaschiste
Gneiss

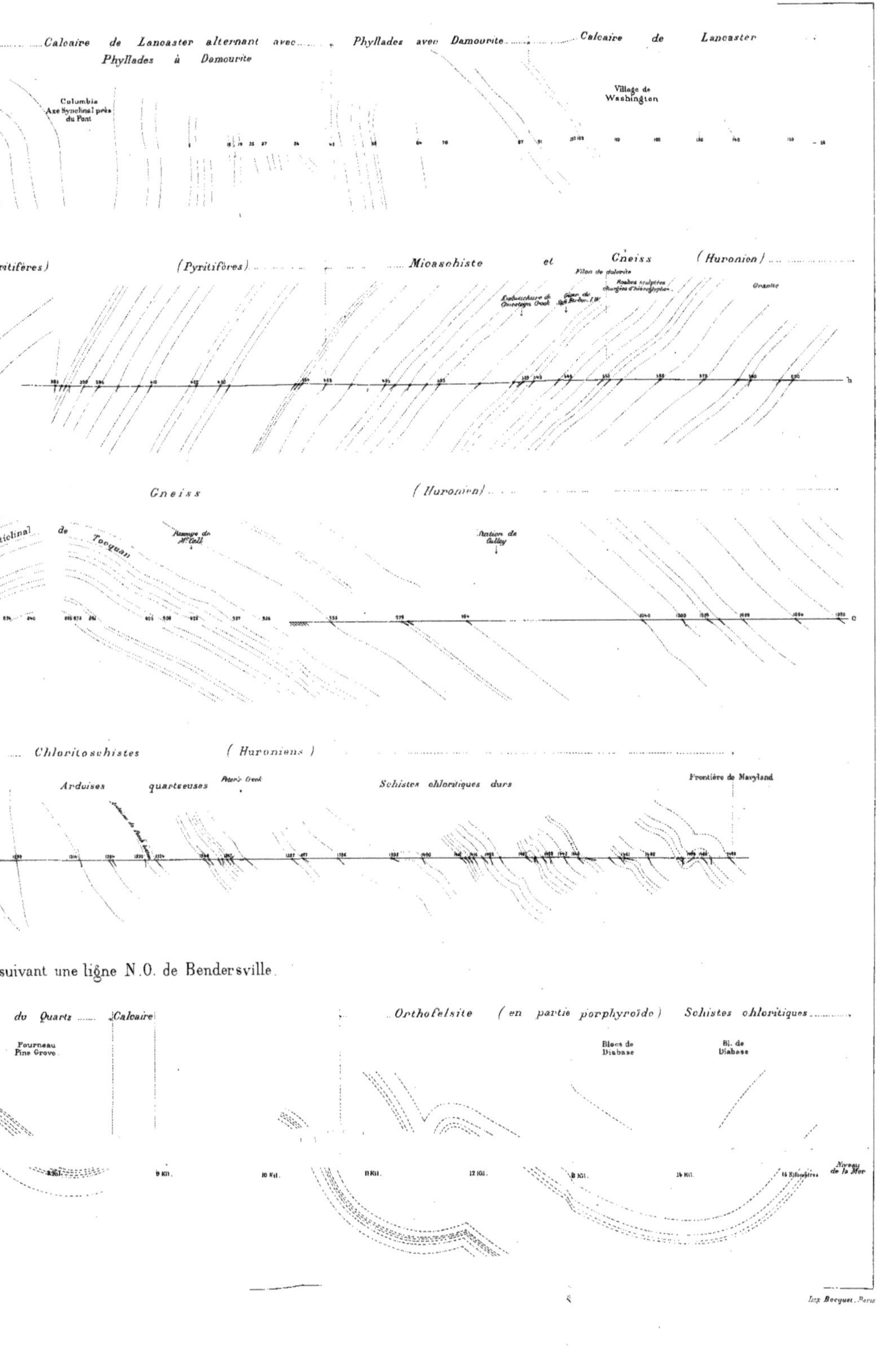
Calcaire de Lancaster alternant avec Phyllades avec Damourite Calcaire de Lancaster
Phyllades à Damourite
Columbia
Axe Synclinal près du Pont
Village de Washington
(Pyritifères) (Pyritifères) Micaschiste et Gneiss (Huronien)
Filon de dolérite
Roches sculptées chargées d'hiéroglyphes
Embouchure de Conestoga Creek
Coupe de Mc Calls Ferry I.W.
Granite
Gneiss (Huronien)
Anticlinal de Tocquan
Passage de Mc Calls
Station de Colley
Chloritoschistes (Huroniens)
Ardoises quartzeuses
Peter's Creek
Schistes chloritiques durs
Frontière de Maryland
suivant une ligne N.O. de Bendersville
du Quartz Calcaire Orthofelsite (en partie porphyroïde) Schistes chloritiques
Fourneau Fine Grove
Blocs de Diabase
Bl. de Diabase
8 Kil. 9 Kil. 10 Kil. 11 Kil. 12 Kil. 13 Kil. 14 Kil. 14 Kilomètres
Niveau de la Mer
Imp. Becquet, Paris